虚拟+现实

平行世界的
商业与未来

文钧雷

陈韵林

安乐

宋海涛

/ 著

中信出版集团 · CHINACITICPRESS · 北京

图书在版编目（CIP）数据

虚拟现实 + / 文钧雷等著 -- 北京：中信出版社，
2016.9
ISBN 978–7–5086–6639–6

I. ①虚… II. ①文… III. ①计算机仿真 – 虚拟现实
②计算机仿真 – 虚拟现实 – 应用 – 贸易 – 研究 IV.
①TP391.98 ②F7–39

中国版本图书馆 CIP 数据核字（2016）第 205806 号

虚拟现实 +

著　　者：文钧雷等
策划推广：中信出版社（China CITIC Press）
出版发行：中信出版集团股份有限公司
　　　　　（北京市朝阳区惠新东街甲 4 号富盛大厦 2 座　邮编　100029）
　　　　　（CITIC Publishing Group）
承　印　者：鸿博昊天科技有限公司

开　　本：880mm×1230mm　1/32　　　印　张：10.25　　　字　数：192 千字
版　　次：2016 年 9 月第 1 版　　　印　次：2016 年 9 月第 1 次印刷
广告经营许可证：京朝工商广字第 8087 号
书　　号：ISBN 978–7–5086–6639–6
定　　价：58.00 元

推荐语

一个成功的投资者需要洞察未来，《虚拟现实+》为我们展开了一个正在到来的未来。

——**蔡文胜**　隆领投资董事长

从PC互联网，到移动互联网，再到虚拟现实，每一次新屏幕的诞生，都意味着一次新的体验革命，意味着一次新的平台型机会的出现，《虚拟现实+》将带你了解VR带来的革命。

——**王啸**　九合创投董事长（百度七剑客）

《虚拟现实+》写得清晰、理性又实际。不只是业内人士，每个有好奇心、对世界前景有想法的人都可以读一读这本书。

——**吴尚志**　鼎晖投资创始人及董事长

《虚拟现实+》的出发点，是对所有人，因为虚拟现实技术最终改变的也是每个人的生活，它几乎可以渗透到我们生活的方方面面，未来的价值难以估量，这也是资本市场迅速行动的原因之一。

——**黄岩**　上海市国际股权投资基金协会秘书长

棕榈用VR给生态城镇插上翅膀，《虚拟现实+》为中国产业迭代升级插上翅膀。

——**林从孝**　棕榈股份总裁

虚拟现实将创造一个全新的影视世界。这个新世界的规则还在探索和建立中，但是其未来的无限可能已经在我们面前打开。

——**赵依芳**　浙江华策影视集团总裁

虚拟现实对泛娱乐产业的影响非常快速也非常根本。但是它带来的未来是什么？这本书说得很对，还没有人真的知道。

——**胡斌**　掌趣科技联席CEO

虚拟现实不仅是新的技术、新的业态、新的增长点，也是新的理念、新的文化、新的发展模式，更是科技革命带给中国的难得机遇。在浮躁的声音中，冷静的思考和落地的建议显得弥足珍贵。《虚拟现实+》就像一个实用指南，给创业者、投资者指明方向和道路。

——**马中骏** 慈文传媒董事长

我们要时刻保持对未来的敏锐，《虚拟现实+》恰逢其时。

——**赵枳程** 星美联合总裁

大多数企业的失败在于，当未来到来的时候，它们以为和自己没有关系。读一读这本书，你就会知道，如果再不行动，将失去行动的机会。

——**何正宇** 威创股份董事长

虚拟现实虽起于虚拟，但终将兴于现实。近几年依托泛娱乐的应用，虚拟现实火遍全球，不过其未来更广阔的发展空间必将落脚在对现实行业的改造，这点在以教育为代表的许多行业已经悄然发生。本书在更广阔的维度提出了虚拟现实与实体产业结合的新思路。

——**解浩然** 汇冠股份董事长

作为互联网之后的又一个重大技术革命，VR应用空间的大幕刚刚开启。究竟哪些产业会被改造升级，《虚拟现实+》给你一盏明灯。

——**马昕** 东方时代网络总裁

未来已来，虚拟现实时代已经蓄势待发，先知、先觉、先行和先试者既可能率先受益，也可能率先迷失，关键在于能否看清方向并找到发展模式。《虚拟现实+》展示了虚拟现实的全景，先行者得以看到系统而清晰的路径指南。

——**卓越** 华数传媒董事长助理兼VR战略总经理

虚拟现实注定要改变电影工业，缔造全新的娱乐形式。中国同行在虚拟现实领域的创新值得尊敬，我很荣幸能参与到"虚拟现实+"的产业革命中与中国合伙人共谋未来。

——克里斯·爱德华兹（Chris Edwards）
The Virtual Reality Company（VR公司）创始人

虚拟现实刚起步，但已势不可当，"虚拟现实＋"带来的变革意义，
绝对不亚于"互联网＋"。

——卢跃东　桐乡市委书记、世界互联网大会发起人

在未来，虚拟现实将可能通过神经编码的感知系统来创造一个全
新的交互时空。如《黑客帝国》所描述的那样，认知革命刚刚开启，而
《虚拟现实＋》恰好揭示了新一轮科技浪潮的到来。

——乔斯·C. 普林西比（Jose C. Pincipe）
佛罗里达大学杰出教授、IEEE院士

虚拟现实有望创造一个"平行世界"，如书中所言，这个新世界的
规则，还在探索和建立，但是其未来的无限可能已经在我们面前打开。

——焦捷　清华大学经济管理学院党委副书记

我一直认为，虚拟现实进入任何行业都将颠覆这个行业。这本书
比较详细地阐述了虚拟现实怎样对一个行业进行革命。强力推荐！

——孙伟　北航软件学院创始院长

作为全球首个城市级虚拟现实产业集群，《虚拟现实＋》给正走在
产业升级道路上的南昌VRers送来了一份珍贵的礼物。天下英雄城，红
谷VR梦！祝福所有勇敢智慧的创新创业者！

——胥清皓　中国（南昌）虚拟现实VR产业基地负责人、
航软投资集团＆大航海资本创始合伙人

虚拟现实如一把野火席卷中国，从未知到追捧，从盲目到乐观，
《虚拟现实＋》在我们探索的过程中，提供了一个整体的视角、一个
全面的参考。

——牛文文　创业黑马公司创始人

这本书为我们展示了虚拟现实技术令人震惊的实际应用。在这个数字化的世界中，永生和平等都将被实现。

——**谭贻国**　深圳市虚拟现实
（VR）产业联合会执行会长、智客空间CEO

科技是第一生产力！虚拟现实开启科技梦想，为青少年在游玩中探索科技带来了全新的模式！

——**施向东**　水木动画有限公司董事长、
东方科幻谷董事长

《虚拟现实＋》为影视产业的产业升级带来了无尽的想象力，期待在VR的纪录片世界里中国文化元素可以创造更多的令人惊艳的体验。

——**金铁木**　上造影视总裁，《圆明园》总导演

在产业爆发初期，这是一本全面完整地阐述产业全貌的书，非常及时，也非常必要。

——**宿斌**　微鲸VR内容事业部负责人

虚拟现实产业趋势大潮滚滚向前，必将深层次影响各行业，《虚拟现实＋》为我们做了深层而清晰的解读，对于把握A股市场投资机会也有非常重要的指导意义！

——**张良卫**　东吴证券研究所副所长、
传媒互联网首席分析师

此书是对虚拟现实时代的完美预告。

——**魏晨**　高盛《VR与AR报告》作者

《虚拟现实＋》告诉我们，虚拟现实时代，人人都是创造者。

——**王甫**　中国电视艺术家协会立体影像委员会秘书长

目 录
Contents

序一

科技创新推动经济发展

2015 年，我国人均 GDP（国内生产总值）已达 8000 美元，但要跨入人均 1.2 万美元的高收入国家行列，尚需要迈上一个大台阶。从国际经验来看，这是一个难度较大的台阶，不少国家在这一台阶前徘徊多年也未能跨越。我国能不能顺利跨过这道门槛，是对中国特色社会主义市场经济体制和中国共产党执政能力的考验。

跨越"中等收入陷阱"，必须实现产业结构从以劳动密集型、资源密集型为主到以资本密集型、技术密集型、知识密集型为主的转变。这就必须加大技术研发投入，以具有自主知识产权的技术提升产业结构和产品结构。依靠外资公司带来的技术，是不可能跨入高收入国家行列的。因为，未来的技术经济时代，谁掌握了技术，谁就掌握了利润的分配权。

推动信息化发展的相关技术是全球各国必争的战略高地。每一次信息技术的突破都对推动生产力发展起到了革命性作用。
"十三五"时期,中国信息化得以加快推进,信息化有了很大的
发展,但是跟美国比还有很大的增长空间。因此,优选一批能够
带动产业升级和扩大内需且能够传之于后世的重大项目,是当下
政府需要实施的重要战略举措。

虚拟现实产业是信息化技术不断进步的产物。虚拟现实及增
强现实的应用技术及其相关联的 5G(第五代移动电话行动通信
标准)网络建设是未来信息化建设的核心突破点。它与工业化融
合可以实现制造业的升级,推动实现制造业 2025 发展规划。同
时,虚拟现实向文化娱乐、医疗、教育等领域的进军,能够起到
改善民生、提高国民文化生活水平的作用。特别值得注意的是,
虚拟现实网络将有可能产生一个庞大的虚拟经济体。在互联网时
代,虚拟经济体已经雏形乍现,但由于互联网产品只能应用于单
一场景、解决单一需求,互联网虚拟经济体的影响仍然有限。但
在虚拟现实的空间里,虚拟场景将得到延展,并渗透到各种日常
的平台级应用之中,这使得基于虚拟现实空间产生的虚拟经济体
将有可能非常庞大,并且将对实体经济体产生深远的影响。

在虚拟现实产业发展的初期,中国的起跑速度在全球来看已
形成了一定的先发优势,尤其在行业应用和商业模式创新领域,
中国的虚拟现实产业推动者起到了重要的开拓和引领的作用。这
些努力是我们必须予以充分重视并肯定的。一个颠覆性的产业在

起始阶段面对的往往是漫长而艰难的基础建设期，而值得欣慰的是，年轻的海外归国的产业级创业者向我们展示出了超越年龄的定力、非常的爱国情怀、非凡的开拓进取的精神以及融合创新传统产业的决心与信心。政府应当充分重视人才与跨越式创新在这一次信息化产业革命中的意义和价值，对于新兴产业的创新级人才应给予充分的鼓励与支持。我们只有把握住这次重要的战略机遇，才能真正完成旧的经济结构向新生态经济的跃迁，实现以科技发展全面推动经济发展这一战略命题。

　　在塑造科技强国的道路上，美国拥有许多成功的经验。未来如果想要建成真正的全社会级生态创新体系，至少应当在以下5个方面向美国学习：一是创造充分竞争的市场；二是政府的政策导向和资金支持，由政府和企业共同攻克重大科技工程；三是完善的风险投资体系，利用民间资本支持创新创业；四是吸引全球人才；五是军民融合的工业体系，将军事研究成果转为民用，带动民用高科技产业的发展。

　　除此之外，我们还要继续强化企业作为创新主体的作用。令人高兴的是，按全球企业国际专利申请量的排名，进入前10名的企业中，中国企业已占一半左右。虚拟现实产业的发展需要企业持续的研发，实现关键技术的突破与产品迭代。对于重大技术难题，应组织产业集群，实施协同攻关，实现成果共享。

　　改革教育体制，创办高水平、创新型大学是提高自主创新能力的基础工程。加大在虚拟现实产业教育的投入，为产业后续发展输送人才，是产业得以持续发展的重要原动力。

中国移动通信联合会会长、著名经济学家、

中共中央政策研究室原副主任

郑新立

序二

把握虚拟现实产业机遇，
打造具备国际竞争力的科技强国

　　党的十八届五中全会指出，创新是引领发展的第一动力，必须把发展基点放在创新上，释放新需求，创造新供给，加快实现发展动力转换。"十三五"时期是我国全面建成小康社会的决胜阶段，也是我国产业转型升级的关键时期。我国是信息产业大国，信息产业是我国国民经济的基础性、战略性、先导性产业，对我国经济结构调整具有重要的示范意义，是稳增长、促改革的主战场。在这一大背景下，我们亟须推进大众创业、万众创新，加快迈入信息文明 3.0 阶段。

　　信息技术革命引领新一代的产业革命。信息技术革命需要科技创新和人才储备。虽然我国已成为世界第二大经济体，但中国的科技实力仍然远远落后于西方发达国家，也落后于我们的邻国日本。无论在核心科技人才培养、顶尖科技公司孵化，还是科研条件配套等各个方面，我国与全球一流科技创新中心都有很大一段差距。

虚拟现实技术（VR，Virtual Reality）作为下一代计算平台，如同当年的互联网技术一样，兴起了新一轮的全球化创业热潮。它代表信息产业发展的新方向，重新定义了信息生产、传播、呈现的方式，并与互联网、大数据、人工智能紧密结合，带来更为高效、高质的信息体验和利用。和"互联网＋"一样，虚拟现实不只是一个独立的产业，更是能与传统产业相融合并产生社会变革的巨大动力，可以全面推动中国制造业的发展。通过虚拟现实技术，有望发展新型生产方式和产业模式，全面提升企业研发、设计、生产、管理和服务协同能力及智能化水平，形成新技术、新业态，推动制造业的转型升级，并最终推动我国信息经济发展迈上新台阶。

令人欣慰的是，在虚拟现实技术发展早期，一批国际人才带着全球最前沿的技术回到国内，推动了虚拟现实产业在中国的发展。他们利用自身优势，整合并导入了全球优质产业链资源，这其中包括来自好莱坞、硅谷的跨界人才。他们所积累的技术、创意与产业建设的理念，为中国虚拟现实产业打下了坚实的基础，使得中国 VR 产业的创业者们得以和全球创业者有机会站在同一起跑线上齐头并进，百家争鸣。相比 PC（个人计算机）产业和互联网，我们在这一轮浪潮中先声夺人，并有望利用中国的市场空间、商业模式的创新力，成为这一轮全球浪潮的弄潮儿。

我们看到，在过去短短一年多的时间里，中国的产业创新者已经在虚拟现实产业中做出了让人骄傲的成绩。我们的产品和技术开始追赶全球的科技巨头，产业发展规模位居世界前列。同时，多元领域的商业模式探索、充满活力的生态系统，都让中国率先创建了产业化的道路，在这一轮全球浪潮中跨入了第一梯队。但值得注意的是，在产业的核心技术研发和国际标准的制定上，中国的VR创新创业者们还需要更多的突破。

创业维艰。2016年是虚拟现实技术的元年，但由于技术发展的瓶颈和内容应用的匮乏，虚拟现实产业面临重大发展机遇的同时，也面临着极为严峻的挑战。创业者们需乘风破浪，持续进行产品技术的迭代研发，加强内容开发制作，储备、培养更多产业人才，以使产业进入良性发展的轨道。否则，中国将失去先发优势，再次陷入落后和追赶国外的局面。国家政府也需要基于产业谋划布局做好顶层设计，通过产业政策落地来支持虚拟现实技术的产业化，实现核心技术突破，加强中国品牌的建设。

希望虚拟现实产业的创新者和开拓者们能够把握时代的机遇，迎接挑战，克服困难，紧跟国家"创新驱动发展战略"，打通技术、内容、商业各环节，建立健康可持续发展的生态系统，同时，深度参与国际合作，持续提升全球资源整合能力和制度性话语权，加快构建我国在由虚拟现实技术推动的下一轮产业革命中的国际竞争优势。

国务院参事、中国电子商会会长、

国家信息化专家咨询委员会主任、

全国政协委员、信息产业部原副部长

曲维枝

序三
虚拟现实来了

 对大多数人来说，生活是稳定重复的，工作学习、衣食住行、吃喝玩乐是舒缓悠长的日常主题，吸引了每个人绝大多数的注意力，很少有人去思考在人类文明的历史长河中，今天的我们究竟身处在怎样一个快速进步的时代。

 如果把生物考古学家所认定的200多万年前作为原始人类的起点，我们可以看到，其中超过99%的时间，人类文明几乎是一成不变的，重大的突破无外乎是学会了使用火、发明了简单的石器、木器工具而已。在这剩下的不到1%的时间里，也就是几千年前，人类取得了一些比较明显的进步，比如说驯化了家畜与稳定地耕种土地，制作了基础生产工具，发明了文字，建立了城市，等等。在随后的约0.01%的时间里，人类取得了惊人的进步，特别是在科学技术领域：几千年前就始创的数学、物理、医学、哲学等学科在这几百年内发生了质变，以牛顿、爱因斯坦为代表的伟大科学家们搭建了现代科学体系，推动人类用科学认知和改变这个世界。

而在最后的这 100 年中，这套科学体系指导人类进行的发明创造及其带来的社会改变可以用爆炸来形容。人类通过分裂或聚合原子采集到能量，把探测器送到了太阳系的边缘，发明了可预防和治疗各种疾病的药物，搭建了覆盖全球的电信网络与互联网，监测到亿万光年外的黑洞合并，创造人工智能机器并在最复杂的围棋游戏中打败人类冠军。科技正在推动着人类大踏步地走向宇宙与生命的深处，其加速度之快，放在每一天每一年的尺度上或许难以察觉，但是放在整个人类文明史上，却是炫目与令人震惊的。

如今，在科技进步道路上的又一重大突破——虚拟现实来了！

从生物学角度来看，人体对世界的认知无外乎是人脑对于各种感觉器官所产生的生物神经电信号的分析解读。比如说视觉，先由眼睛将外界的光信号转换为生物电信号传送给大脑，在某些功能模块被解读后传到大脑中枢，呈现出我们所看到的大千世界。同理，听觉、触觉、味觉、嗅觉、温度、平衡感、时间的流逝感，甚至喜好、厌恶、爱欲等等，都是人脑对于来自各种感觉器官的生物电信号的解读。当百亿计的脑细胞以我们尚不明确的方式展开复杂而精巧的工作时，我们就认识到了整个世界。

尽管今天的虚拟现实技术尚不成熟，但它的确干了一件上帝才能做的事情：它尝试着替换一种或多种外界信号，让感觉器官接收到"虚拟现实"信号并传给大脑，从而让大脑"沉浸"其中，而暂时脱离现实世界。这种技术所带来的应用领域数不胜数，普遍认为，虚拟现实的影响力会波及人类生产生活的各个方面。

从理论上讲，虚拟现实本身并不是新鲜事物，电影、电视、游戏机、录音机、收音机都是早早就发明出来的虚拟现实设备，只不过它们的"沉浸感"赶不上今天的头盔设备与控制手柄而已。从更广义的视角来看，齐白石的虾、凡·高的星空、宗教场所的金刚罗汉、古希腊的胜利女神雕塑、原始人的洞穴涂鸦都是虚拟现实的，都希望利用一种载体把别处的景象呈现给现场的观赏者，以达到某些精神层面的共鸣或交流。

但今天的虚拟现实之所以被明确界定为一个重要的科技突破和一个产业，是因为只有这一次，虚拟现实带来的"沉浸感"是空前的。这包括全面的视觉替代和精确的人机互动，再加上硬件设备的批量化生产和软件内容的广泛传播。当然，成本低廉到普通消费者能轻易使用，也是重要的因素。

事实上，今天的虚拟现实设备还是初级的，不仅是因为画质、声音与互动感受还有很大的提升空间，而且也因为目前的虚拟现实设备还只是阻断和接管了感觉器官与外部世界之间的信号，而对于感觉器官与人脑之间的生物神经电信号尚无法"虚拟"。当然，这一预期还是挺高的，技术上若要实现，需要的不仅是软硬件技术，还需要对生物技术、医学技术，特别是脑科技，甚至需要量子学理论完成重大的突破才行。如果真的达到了这个史无前例的层次，我们就能在物质与精神之间搭建起桥梁，更好地认识灵魂的本质，理解庄周梦蝶的古老故事和平行宇宙的现代传说，探讨极乐世界与人类永生的可能性。

当然，虚拟现实作为人类新的创举，和人类文明史上每个伟大的发明创造一样，终究会在一段时间后成为"基础设施"，不再令人惊奇。但是，生活于微观环境中的我们也没必要用过于宏阔的视角苛求它。在 2016 年这个时间节点，虚拟现实所蕴含的生产生活方式的改变、产业机遇、商业与投资机会等，一点也不虚拟，而是巨大的现实。这一波产业浪潮，类似于 20 世纪八九十年代的 PC 机遇期、20 世纪 90 年代和 21 世纪前 10 年的互联网机遇期，以远景的产业规模而论，将以万亿级计算。

特别值得一提的是，在这次虚拟现实的产业大潮中，中国有望领跑美国成为全球翘楚。虽然美国依然在理念与原创技术方面拥有先行优势，但是在虚拟现实的应用层面，包括硬件制造、内容生产、应用领域、创业者潜力，特别是用户数量方面，中国都占尽优势。所以，无论是创业者、投资人、谋求转型的 A 股上市公司，还是政府部门，这一波浪潮都是不容错过的战略性机遇。

很高兴，和君资本的一批同事和合作伙伴，在国内最早关注

到虚拟现实的投资机会和实业机会，并且进行有效布局，成为这
一产业浪潮的积极参与者和推动者。本书《虚拟现实＋》是他们
在紧张的工作之余牺牲自己的睡眠时间完成的，令人佩服，必须
点赞。

和君集团董事长
王明夫博士

序四
虚拟现实投资：
一场终会胜利的持久战

　　早期技术投资是创投的精髓，这是我一直感兴趣的领域。我相信技术会深刻地改变未来，一个具有时代颠覆性的技术，甚至可以重构产业生态系统。体验过泛虚拟现实（VR/AR/MR）之后，很难不相信它就是那样一种能够彻底改变我们未来生活的技术。它如同当年的互联网一样，再次重新定义了人与信息交互的体验，推动信息产业全面进入 3.0 的崭新阶段。通过虚拟现实，原有的社会化信息交互系统将被革新，新的商业模型将得以探索和建立，也因此，虚拟现实的未来被赋予了无比广阔的想象空间。

　　虚拟现实产业，如同一个正在拔地而起的帝国，但罗马不是一日建成的，虚拟现实的繁荣也不可能一蹴而就。目前它的产业生态仍是只有寥寥几笔勾勒出的轮廓，各个产业链条都正在经历从 0 到 1 的孵化、发展与迭代，这注定是一个长期的过程。这个过程，给了创业者非常多的机会和机遇，也是资本进场的一个独特的时期，早期正确的投资决策将带来难以想象的回报，但这种判断力却对传统投资者的知识结构和学习能力提出了相当的挑战。任何行业的发展都要经历成长的阵痛期，创业者需要在阵痛期突围。而资本则需要耐性，在热潮里保持冷静，在寒冬中忍受寂寞，做好与创业者共同奋进的准备。我们做投资，在投前尽量把控风险，但一旦看准，就是理性的坚持。对创投而言，除了资本，一定时间的孵化和战略引导也是投资成功的关键要素。

虚拟现实产业的投资需要符合它本身的发展属性。虚拟现实未来将形成庞大的产业生态圈，产业的各个环节环环相扣。技术是核心，硬件是基础，优质内容是硬件落地的土壤，最后联动平台实现多维的商业化路径。但目前虚拟现实尚在早期，产业链条严重缺失，投资者进行投资布局，需要结合行业属性，树立战略思维和大局意识。在市场规模没有成型前，在用户数量有限的前提下，要求创业项目迅速成熟，并不现实。这是个创业与投资水乳交融的时期，投资者尚需与创业者携手努力，共谋发展，共享成果。早期产业投资的关键是落子，关注人和创业者的商业敏感性，而把握了产业的关键节点后，让企业顺势而为，待时机成熟，东风一起，多点成线，线连成面，自然成势。在产业早期，通过生态投资的逻辑搭建产业闭环，也在一定程度上降低了投资风险。

在科技领域，比起国外，中国的创投高估企业的短期价值，低估企业的长期价值的情况更为明显。而我们的投资理念十多年来从未改变过，那就是：追寻价值投资。资本都会有泡沫和泡沫破掉的阶段，这促进了产业内的新陈代谢。但投资人要有对未来的判断和自己的策略，理性投资不应该受到资本市场短期波动的影响。我坚信有价值的企业，最终会被需求市场认可，而非仅仅是资本市场。很多人问我，在新兴领域怎么判断好项目。我认为，如同任何领域的投资一样，那些最终能够改变我们的生活、带来实际社会价值的企业，那些最有开拓能力的创业者，都是值得投资人助力并且长期投资的目标。

不得不提的是，以虚拟现实为代表的高新技术产业的兴起，将很可能创造创投生态的新格局。新的产业形态需要有新的资本服务梯队，富有产业意识和生态思维的优秀投资人将很可能在未来几年崛起。他们的思想更具前瞻性，更能把握新技术、新文化的发展潮流，更有超前的商业敏感性。在产业的早期，我们见证了他们与行业创业者一同摸爬滚打，在产业化之路上艰难地跋涉，并努力地推动资本向早期新兴产业倾斜。他们以一己之力，推动了虚拟现实领域众多的从无到有。我们感动于这些"新鲜血液"的执着和奋斗，也有幸成为为他们引路的师长和伙伴。看到新一代年轻人的奋进之旅，一如看到我和合伙人们当年艰苦创业时的身影。

年年花相似，岁岁人不同。创业虽艰，路途亦远，但是未来总是更值得我们期待。

时光终不老，创业者永远正青春。

杭州联创投资管理有限公司董事长、
联创永宣资本管理合伙人
徐汉杰

第一章

虚拟现实这把火

昔者庄周梦为胡蝶，栩栩然胡蝶也，自喻适志与！不知周也。俄然觉，则蘧蘧然周也。不知周之梦为胡蝶与，胡蝶之梦为周与？

——《庄子·齐物论》

VR到底是什么

这里所说的虚拟现实是指泛VR概念，包括两个领域：VR（Virtual Reality，虚拟现实）和AR（Augmented Reality，增强现实）。后续，增强现实领域又衍生出MR（Mixed Reality，混合现实）。我们有时统称泛虚拟现实产业为3R产业。

泛虚拟现实技术是一种以计算机技术为核心的现代高科技手段，通过将虚拟信息构建、叠加、融合于现实环境或虚拟空间，从而形成交互式场景的综合计算平台。在此基础上，我们根据虚拟信息和真实世界的交互方式，划分出了VR、AR、MR三个细分领域。

VR技术通过建立一个包含实时信息、三维静态图像或者运动物体的完全仿真的虚拟空间，实现空间的一切元素按照一定规则与使用者进行交互。这个空间不仅可以独立存在（虚拟现实），也可以和真实世界叠加（增强现实），甚至可以和真实世界融为一体（混合现实）。

未来，3R将在同一设备上高度融合，实现无缝切换。但产业尚处于发展早期，3R行业发展相对独立，终端设备、核心技术和产业发展周期都各有不同。目前，VR技术相对成熟，AR和MR发展尚在早期。我们在接下来的章节里将重点论述VR的发展。为了使读者不混淆，我们将用泛虚拟现实作为3R的统称，而虚拟现实（VR）则特指3R中的一个R。

VR：一个完全沉浸的新世界

VR技术是用计算机系统创建一个三维的虚拟世界。在这个世界中，人类可以和虚拟的信息互动，并产生模拟人体五感的虚拟反馈。VR是一项综合性技术，涉及视觉光学、环境建模、信

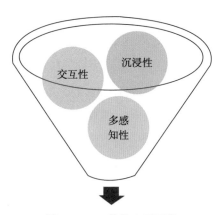

图 1-1　VR 的核心三要素

息交互、图像与声音处理、系统集成等多项技术。虚拟现实的核心三要素就在于沉浸性（immersion）、交互性（interaction）和多感知性（imagination）。

沉浸性

沉浸性是指参与者作为主角存在于虚拟环境中的真实程度。虚拟世界产生逼近真实的体验，使用者会沉浸在其中，而难以将意识放到别处。戴上VR头盔，你会感觉完全进入另一个世界，你的意识、注意力都被锁定在虚拟空间中，很难抽离出来。

交互性

交互性是指参与者对模拟环境内物体的可操作程度和从环境得到反馈的自然程度。在PC和移动互联网时代，人们输出信息是通过鼠标、键盘、触控屏等相对较为单一的信息交互入口，但到了虚拟现实时代，人们可以通过手势、动作、表情、语音甚至眼球或脑电波识别进行多维的信息交互，更加接近真实世界中人与外界的交互方式。同时，参与者在虚拟世界中执行动作时，会得到遵循一定规律的反馈，比如从桌上握住一瓶水时，就真的握住了它，可以使它有不同角度和距离的位移。

多感知性

多感知性是指由于 VR 系统中装有视觉、听觉、触觉、动觉的传感及反应装置，因此参与者在虚拟环境中通过人机交互，可获得视觉、听觉、触觉、动觉等多种感知，从而达到身临其境的感受。

VR 有多火

舆论环境

首先我们来看看 VR 的百度搜索指数（见图 1–2 ）。

VR 的搜索热度已经远远超过互联网和移动互联网，也超过了目前同样很热门的 AI（Artificial Intelligence，人工智能 ）。

VR 搜索者的年龄主要分布在 20~40 岁（见图 1–3 ），即 70 后到 90 后；搜索地域集中在北京、上海、广州、深圳以及杭州、成都等一二线城市，同时，这些城市也是 VR 创业最集中的地区。

2015 年 6 月 17 日—2016 年 5 月 17 日，百度提供了 4530 万条 VR 新闻内容，但在 2016 年 5 月 17 日—2016 年 6 月 17 日，这一数据增加至 4900 万条。同时，最近一年内（2015 年 6 月

近 7 天 / 近 30 天	整体搜索指数	移动搜索指数
VR	25313	14120
互联网	7489	6387
移动互联网	911	369
AI	12230	6427

图 1-2　VR 百度搜索指数

17 日—2016 年 6 月 17 日）微信提供了 30367 条 VR 内容以及数百个与 VR 相关的微信公众号。

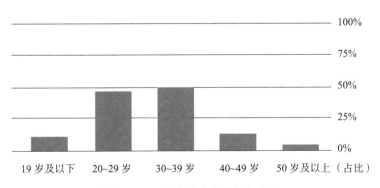

图 1-3　VR 百度搜索人群年龄分布

论坛与会议

自 2015 年起，VR 成为国内外各大科技展会的绝对主角。

在 2015 年的国际消费类电子产品展览会（CES）上，Oculus（傲库路思）和 HTC（宏达国际电子股份有限公司）同时发布了升级版的开发者版本；中国 VR 公司包括蚁视、乐视、大朋、3Glasses（虚拟现实科技有限公司）、Simlens（成都虚拟世界科技有限公司）都展出了自己的产品；还有多家 VR 创业公司展示了前沿黑科技，包括体感手势技术、VR 全景摄像、VR 跑步机等。

这把火还烧到了 2015 年的巴塞罗那世界移动通信大会（MWC）。扎克伯格亲自为三星 Gear VR（三星智能佩戴设备）和 Oculus 的联合发布会站台；HTC 发布了 Vive（一款 VR 头显），诺基亚发布了 OZO 全景相机；LG、中兴、TCL、宏基也都各自发布了 VR 相关产品。扎克伯格走过一群戴着 Gear 眼镜的观众的照片在网络疯传，被认为是对 VR 热度的最佳注解。

在中国，从广交会到全球移动互联网大会（GMIC）再到国际消费类电子产品展览会，VR 都是主角，关于 VR 的论坛、会议、沙龙每天都有好几场。

真正的VR行业参与者

行业动态

到目前为止，包括脸谱网、谷歌、微软、苹果、亚马逊在内的硅谷巨头们纷纷宣布进军VR领域；亚洲的科技公司包括HTC、索尼、三星也推出了重头的VR产品；国内的阿里巴巴、腾讯、乐视、小米也相继入局。这些大佬的加入不仅为VR产业带来了人才、资金、产业资源、平台、用户和媒体影响，同时，也为这个行业带来了信心。

国外知名企业进军VR领域的情况，见表1–1。

表 1–1

所属公司	VR产品名称	项目
脸谱网	Oculus	硬件、平台、内容
HTC	Vive	硬件、平台、内容
索尼	PlayStation VR	硬件、平台、内容
微软	Hololens AR	硬件、平台
谷歌	Cardboard, Daydream	硬件、软件开发工具包、内容
三星	Gear	硬件

国内知名企业进军 VR 领域的情况如下。

阿里巴巴 VR 布局

• 以"造物神""Buy+"计划推动 VR 购物商业模式。

• 优土上线 VR 内容平台，协同旗下影业、音乐、视频网站培育 VR 内容产业。

• 通过投资 Magic Leap（一家位于美国的增强现实公司）等公司谋划 AR 前沿技术布局。

腾讯 VR 布局

• 以 Tencent VR SDK（腾讯虚拟现实软件开发工具包）提供账号接口、支付功能、虚拟形象及社交空间。

• 以 Tencent VR HMD（腾讯虚拟现实头戴显示设备）进军硬件设备领域。

• 以 Tencent VR Store（腾讯虚拟现实商店）实现内容分发。

• 投资 Altspacce、赞那度布局 VR 社交。

华为 VR 布局

• 着力建设更高速率的 4.5G 和 5G 网络，努力实现 VR 体验毫秒级延迟，解决因传输延时带来的眩晕问题，帮助目前的 4K VR 视频实现真正的浸入式体验。

• 建立 U-vMOS 视频体验衡量体系，并与华策、优土建立内容合作关系。

• 发布荣耀 V8，进军 VR 硬件领域。

乐视 VR 布局

• VR 内容战略库：包括自建内容体系（演唱会 VR 直播、体育 VR 直播、明星 VR 频道）和联盟计划（网络大量第三方内容制作方）。

• VR 内容分发平台：乐视界。

• VR 硬件：LeVR COOL1。

• 投资灵镜 VR，布局 VR 头显领域。

资本市场的关注

目前，各类 VR 创业公司如同雨后春笋般冒出来。据初步统计，国内与 VR/AR 相关的创业公司预计超过 1000 家，获得首轮融资的公司超过 100 家，并且还有更多的团队正在从事 VR 的内容开发。仅在 HTC 3 月举办的 VR 内容创业大赛中，就收到了超过 800 件参赛作品。

资本的关注是烧起这把行业大火的关键因素。2015 年，经历了移动互联网投资热潮之后，资本市场进入了短暂的观望期。这一轮熊熊燃起的VR热浪迅速成为资本市场的聚焦点，各大投资机构纷纷开始布局VR产业。国外多家风投公司设立VR领域的基金。据了解，目前海外VR、AR相关的融资总额已高达30亿美元。

国外主要VR/AR专项基金见表1–2。[①]

表 1–2

VC 名称	管理合伙人	近期VR领域投资项目
Rothenberg Ventures（罗森博格基金）	Mike Rothenberg	VRChat，Emergent VR，8i，Reload Studios，Rival Theory，AltspaceVR，FOVE
KPCB Edge（凯鹏华盈）	Anjney Midha	Envelop VR
Boost VC	Adam Draper	8i，Keza
Presence Capital	Amitt Mahajan	Immersal
The Venture Reality Fund	Marco DeMiroz，Tipatat Chennavasin	Visionary VR
Colopl VR Fund		FOVE
Super Ventures	Ori Inbar	
Gree VR Capital	Teppei Tsutsui	
盛大集团		Atheer，UploadVR，Sólfar Studios，ElMindA

① 摘改自，《YOTOVR指南》，全球VR精选，http://www.yotovr.com/vr-funding-portfolio/。

（续表）

VC 名称	管理合伙人	近期VR领域投资项目
HTC		WEVR，Baobab Studios，Surgical Theater
Samsung Ventures（三星基金）		FOVE，WEVR，nuTonomy，Baobab Studios，8i

国内活跃于VR投资领域的投资机构见图1–4。

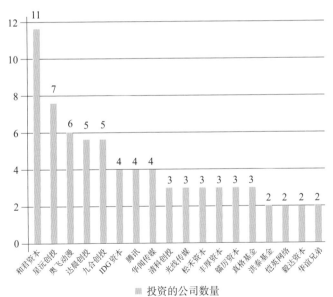

图 1–4　国内活跃于VR领域的投资机构

资料来源：天天投《VR/AR数据报告》，2016.05.10

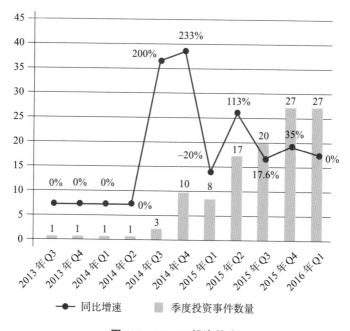

图 1-5　VR/AR 投资热度

资料来源：天天投《VR/AR数据报告》，2016.05.10

　　VR/AR领域投资在 2014 年下半年开始爆发，至 2016 年，连续两年增速达 400% 左右，增势迅猛，截至 2015 年，融资金额超过 10 亿元人民币。

　　进入 2016 年，VR 相关的投资节奏更是大大加快，第一季度的VR/AR领域投资事件环比增长 59%，仅在 3 月份，国内就有 14 起与VR/AR相关的融资完成，融资总额接近 4 亿元。

在传统互联网时代，行业发展初期参与者多是创业公司，项目发展中后期才陆续有上市公司介入参与。但这轮VR/AR大潮有所不同，一二级市场联动在产业初期就频繁发生，上市公司为了抢占行业制高点纷纷入局早期项目，希望通过VR推动传统行业迭代升级。

截至2016年4月，涉及VR业务或在VR领域有投资布局的A股上市公司超过50家，多分布在核心元器件、泛文化产业和地产企业。这几个行业也是最容易和VR相结合的产业，能够实现传统产业资源和VR技术的无缝对接。

产业政策支持

2016年3月18日，《中华人民共和国国民经济和社会发展第十三个五年规划纲要》发布。纲要提出，新产业方面，重点支持新一代信息技术、新能源汽车、生物技术、高端装备与材料、数字创意等领域相关产业的发展壮大，大力推进智能交通、精准医疗、高效储能、VR与互动影视等新兴前沿领域创新和产业化，形成一批新增长点。

随着"十三五"规划纲要的发布，2016年4月14日，国家工信部发布了《虚拟现实产业发展白皮书》，明确表示："虚拟现实正处于产业爆发的前夕，即将进入持续高速发展的窗口期，可以预见，在未来的半年到一年内，虚拟现实消费市场将迅速爆发，行业应用有望全面展开，文化内容将日趋繁荣，技术体系和产业格局也将初步形成，我国VR产业若不尽快布局，将再次陷入落后和追赶国外的局面。"并将"通过财政专项支持VR技术产业化，引导产业做大做强"。这又一次表明了国家对发展VR产业的决心。

产业基地纷纷建成

为响应中央政府的号召，各市级政府也积极参与推动VR产业的发展。目前，南昌、福州都已成立市级的VR产业基地，北京、上海、重庆、苏州等城市也逐渐筹建起了具备一定规模的产业发展基地，为VR创新企业引入国家资金、提供科研环境与税收优惠；从政府层面上鼓励产业发展，为VR产业提供实质性的支持和发展空间。

南昌VR产业基地：我国首个城市级VR产业基地

2016年2月22日，"中国（南昌）虚拟现实VR产业基地全球发布与推介会"在江西南昌举行。根据会议发布的信息，在未来的3~5年，中国（南昌）虚拟现实VR产业基地将不断完善产业链，培养出 1 万名专业技术人才；发起总规模为 10 亿元的 VR 天使创投基金；落实 100 亿元规模的 VR 产业投资基金；聚集 1000 家以上的 VR 产业链上下游企业；实现超过 1000 亿元人民币的产值。在该产业基地中，还将设立产业研究院，搭建公共服务平台，构建企业创新中心，建设主题公园，组织国际博览会，引进成立重点实验室，力争打造出一个世界级的 VR 产业基地。

福建 VR 产业基地①

2016 年 2 月 27 日，"中国·福建 VR 产业基地建设发展座谈会"发布了全球首个 VR 开放平台。该平台由福建 VR 产业科技开发有限公司发布，由网龙网络公司负责管理和运营。凭借超大规模的 3D 素材库，平台将重点解决并改善 VR 内容生产、第三方内容制作、行业应用解决方案、产品分发和人才输出方面的短板；提供优异的开发环境和资源配置，让每一个有创意和想要实现创意的人来设计和生产 VR 产品，同时开发并推出极简易用的 VR 编辑器，打破所谓专业限制，让所有人都能创造自己的 VR 内容；VR 开放平台也将梳理出专业的课程体系，为全球有志于投身 VR

---

① 转引自《中国首个新业态 VR 产业基地落户福建福州》，载《中国日报》，http://www.chinadaily.com.cn/hqcj/zxqxb/2016-0229/content_14576399.html。

产业的人才提供专业、免费的培训，助力VR企业发展。

VR这把火是怎么烧起来的

　　早在19世纪90年代，VR的概念就已被提出。科幻小说家斯坦利·温鲍姆（Stanley Weinbaum）被认为是率先提出VR概念的人。在他的科幻小说《皮格马利翁的眼镜》（*Pygmalion's Spectacles*）中，主人公丹·伯客（Dan Burke）遇见了一个淘气的教授阿尔伯特·路德维格（Albert Ludwig）。教授发明了一副护目镜，戴上它能看到、听到、尝到、闻到甚至触摸到电影中的东西……"你好像置身在故事中，你能够和电影中的角色说话，他们也会回复你。"故事里的一切不再只是发生在屏幕上，而是环绕着眼睛的使用者，让他完全融入情境中。

　　虽然VR的概念最先存在于科幻小说的想象空间，但就如同许多新兴技术一样，人类的梦想必然会成为现实。1962年，电影摄影师莫顿·海林（Morton Heiling）发明了一款名为"Sensorama"的设备，由震动座椅、立体声响、大型显示器等部分组成，具有三维显示及立体声效果，能产生震动和风吹的效果，甚至还有气味，类似于现在的4D电影。用户需要坐在椅子上将头探进设备内部才能体验到沉浸感。自此，VR有了第一次实体体验。1968 年，美国计算机图形学之父伊凡·苏泽兰特（Ivan Sutherland）研发了世界第一台由计算机图形驱动的头戴式显示设备（即我们现在所说的头盔）和头部位置追踪系统。但因为设备体积沉重，需借助挂钩支撑，也被取名为"达摩克利斯之剑"（The Sword of Damocles）。这一设备被认为是第一个真正的 VR 原型设备，几乎定义了 VR 的所有要素（立体显示、虚拟画面生成、头部位置跟踪、虚拟环境互动、模型生成），为之后 VR 产业的发展奠定了技术基础。同年，我们现在广泛使用的鼠标才刚刚诞生，电脑还没有进入民用推广，甚至显卡也还未问世。

科学家们从未停止对前沿技术的追求，VR 技术逐渐取得研究上的突破，多个专利陆续问世。20 世纪末，显卡能够支持复杂三维图像模型，索尼便携式液晶显示器具备了呈现完整画面的能力。波尔希默斯（Polhemus）公司逐步开发出 6 个自由度的头部追踪设备，大大改善了用户在成像精度和携带便利性上的使用体验。20 世纪 80 年代，逐步成熟的 VR 技术在军事领域的虚拟战场和虚拟军事训练上得到广泛运用，VR 的概念也被正式提出。1987 年，美国计算机科学家杰伦·拉尼尔（Jaron Lanier）组装出第一款真正投放市场的 VR 商业产品，标志着 VR 技术从军用向民用的过渡。虽然这一设备造价高达 10 万美元，最终并未得到广泛普及，但业界仍然热情高涨。1995 年，任天堂推出了名为Virtual Boy（虚拟男孩）的VR游戏机。设备硬件由头戴式变成三脚架支撑，画面仅显示单一的红色，加上缺乏配属游戏作品，Virtual Boy被评为"史上最差的50个发明"之一。6个月后，Virtual Boy在市场上销声匿迹。由于硬件处理器性能的限制，用户很难产生沉浸感，加之生产成本难以降低，第一轮VR产业浪潮以泡沫破灭惨淡收场。

小故事：局内人的倒戈[①]

当我们谈论VR时，有一位绕不过去的重要人物：他一副嬉皮士打扮，身形高大，胡须张狂，爆炸式的长发编成一根根细细的辫子，看似与未来科技毫无关联。他就是被誉为虚拟现实之父的杰伦·拉尼尔。他早在20世纪80年代初就提出了"虚拟现实"的概念。在VR日益兴起的当下，如同多年前那样，他再次给了人们一个震惊的新观点：颠覆互联网。

"现在的网络终将吞噬所有人，破坏政治、经济、人格、尊严，导致社会灾难。"这位数字化时代缔造者

---

① 编译自：*What Turned Jaron Lanier Against the Web?*（《是什么使杰伦·拉尼尔反对网络》），载《史密森学会会刊》。

之一的惊人"倒戈"显然与他的局内人身份密切相关。

　　提出虚拟现实概念时，天才的拉尼尔才 20 岁出头。那时的硅谷是年轻人聚集的技术圣地。拉尼尔边制作早期视频游戏挣钱，边天马行空地琢磨虚拟现实技术。就是这样，这些数字未来主义者们一起勾勒出了未来定义的网络轮廓——"免费信息"、"大众的智慧"等等。

　　21 世纪初，当全世界还在拥抱"网络 2.0"之际，拉尼尔看到了互联网的另一面："大众的智慧"会带来前所未有的"网络暴力"；互联网的自由会释放更多的人性丑恶；而"免费信息"的结果很可能是经济衰退。现在的互联网世界，已经出现了太多恶性事件，受到煽动而爆发群体性事件的网民甚至影响了现实生活。"黑客"、"人肉"、"水军"，我们需要用越来越多的野蛮词汇描述这片数字森林。

　　不仅如此，盗版音乐、未经证实的网络消息、来路不明的资源等等这些免费的信息，就跟过度的无担保抵押贷款一样，都是个人的财产被多次复制，给与自己毫无关联的一方带来了利益，而所有的风险和成本都由普通人和中产阶级承担。总的来看，整个社会的经济都在萎缩，富的只是一小部分人。

在网络世界中，尽管拉尼尔已转向批判，但他未曾离开，他提出的虚拟现实已变成了当今的现实。拉尼尔感叹："看看窗外，现在没有一种交通工具不是在虚拟现实系统中设计出来的，并先让人们在虚拟现实中体验驾驶它们的感受。"不过，他不相信人机合一实现的可能性，而是在网络技术爆炸的当下，重申人的天性与有别于机器的创造力。

杰伦·拉尼尔是一个走在时代前面的身影，人们总是追逐这样的背影。

进入 20 世纪，互联网，尤其是移动互联网高速发展带来的技术突破为 VR 技术的应用带来了福音。21 世纪的第一个 10 年里，CPU（中央处理器）突破了曾经遥望不可及的 1G 赫兹大关，3D 显卡也得到长足发展。基于此，全新一代 VR 技术的应用出现了可能性。与此同时，美国政府和民间产业基金拿出了接近 40 亿美元支持 VR 产业，探索新一代 VR 技术应用的发展。在此期间，工业领域和医疗领域逐渐开始引入 VR 技术，但产业本身距离大范围的民用普及还有一定距离。经历了上一轮泡沫之后，相关领域如图形处理和数据分析的顶级专家们都随着产业凋落转而

进入互联网等相关产业。进入 2010 年，即使 VR 技术在民用领域
应用的技术已经相对成熟，但因为缺少专业人才储备，整体产业
推动较慢，应用方向不明确。

2012 年，Oculus Rift（一款为电子游戏设计的头戴式显示器）
在众筹网站 KickStarter 开启众筹。Oculus Rift 能够提供 VR 体验，
戴上后几乎感受不到屏幕的存在，用户看到的是整个"真实"的
世界。但 Oculus Rift 并非完美无瑕，还存在着像素点较为明显、
分辨率不高、运动跟踪方面不够完善等问题。不过 300 美元的售
价远远低于之前动辄数千美元的 VR 设备，这一亲民的价格拉近
了产品和用户之间的距离。

2014 年，VR 产业出现了较大转机，脸谱网起到了重要的推
手作用。随着社交软件市场的竞争逐步激烈，脸谱网也出现了用
户增长放缓的问题。为了找到新的突破方向，扎克伯格开始主动
关注 VR 技术。著名的硅谷投资人罗森博格是硅谷 VR 产业发展的
积极推动人，他主动找到扎克伯格，二人深度交流了 VR 技术在
未来广泛应用的可能性。扎克伯格对商业和技术保持着极度敏感，
他意识到，VR 将可能取代现有的 2D 互联网，成为下一个综合计
算平台。于是在罗森博格的牵线下，脸谱网以 20 亿美元收购了
Oculus 公司。在脸谱网的推动下，全球市场开始将目光投向了 VR
产业。

借助这一势头，英伟达（Nvidia）、超威（AMD）、英特尔

（Intel）等核心公司开始研发生产适配VR设备的芯片；在制造业领域，富士康开始逐步解决流片量产问题。等到核心处理部分的底层技术基础和供应生产解决，整个VR产业便具备了进入加速期的关键条件。

2016年，在Oculus、HTC、索尼等一线大企业多年的付出和努力下，VR产品又迎来了一次大爆发。这一阶段的产品拥有更亲民的设备定价、更强大的内容体验与交互方式，辅以雄厚的资本支持与市场推广，标志着整个VR行业正式进入爆发成长期，沉浸式VR设备生态圈初步形成，内容、服务等盈利模式逐步成熟。

据美国知名科技媒体《商业内幕》（*Business Insider*）旗下研究机构BI Intelligence预测，2015—2020年，VR头盔的销售量将呈现每年99%的复合年度增长。到2020年，VR头盔的市场容量将达到28亿美元，远远高于2015年的3700万美元。

VR的火将如何燃烧

VR技术及产品的本质是为了模拟真实的世界，构建虚拟世界，通过人机交互响应用户的感官需求。根据不同层次的交互方式，可以将虚拟现实技术的发展划分为 4 个时代。

• **虚拟现实技术 1.0 时代 ——20 世纪 60 年代至 Oculus Rift DK1 诞生**

在虚拟现实 1.0 时代，人们就像刚出生的婴儿，对虚拟现实这块未知领域充满好奇，但碍于硬件和软件发展的不足，只能在科幻电影中幻想虚拟现实的到来。1991 年的 Virtuality 1000CS 虚拟现实设备曾推向市场，但外形笨重、功能单一、价格昂贵的特点使它昙花一现。1.0 时代的虚拟现实虽被寄予厚望，但碍于技术条件的限制，并未广泛普及，不过未来的种子已经被埋下。

• **虚拟现实技术 2.0 时代 ——Oculus Rift DK1 至光场 VR 出现前**

时过数载，Oculus Rift 的出现才终结了尴尬的 VR1.0 时代，这也标志着虚拟现实 2.0 纪元的真正到来。虚拟现实经历将近 20 年的沉寂，即将迎来爆发。

在这个阶段，硬件体系将沿着 3R 方向分化并逐步深度发展，虚拟现实硬件出现基于场景的多元化趋势。随着硬件技术的突破，虚拟现实产业相关的娱乐内容也将得到逐步丰富，实现标准逐步形成。笔者预测，虚拟现实行业将在 21 世纪的第二个 10 年内完成各领域的内容制作流程标准化，市场上也将出现标志性作品。

但这个时期受限于现有 VR 头戴式设备的技术方案，容易使人产生视觉疲劳、身体不适等"虚拟现实病",一部分人仍然很难完全接受和使用这些设备。

•(未来)虚拟现实技术 3.0 时代——实用级光场虚拟现实头戴设备出现

四维光场显示技术的出现,使上述问题得到了完美的解决。它改变了呈现三维立体空间感的方式,让用户双眼不再反复调节、反复聚焦,极大地减少了用户的视觉疲劳,自此展开虚拟现实 3.0 时代的篇章。

什么是光场技术?简单地说,光场是空间中同时包含位置和方向信息的四维光辐射场的参数化表示,是空间中所有光线光辐射函数的总和。它可以帮助我们模拟出像眼睛那样基于距离对物体进行聚焦的效果。

我们眼中看到的清晰的世界,在一段时间内,只是类似于一个确定焦点的二维图,跟现在通过相机拍出来的照片差不多,焦点部分清晰而其他部分虚化。整个空间环境则是由无数个这样的二维画面叠加融合而成,融合后的画面会包含各个"焦点"在特定时刻的各种空间信息和位置关系。光场技术就是要真实地记录及复原模拟出这个空间,使我们与真正在这个空间中的任何位置一样,能从任意角度看到对应的无数个这样的二维画面叠加融合而成的画面。

对应的光场相机和基于光场原理的开发引擎也将成熟,从而大大提高VR内容生产的效率，降低进入门槛。VR将成为日常生活的一部分，实现扎克伯格所说的"下一个人机交互综合计算平台"。

•（未来）虚拟现实技术4.0时代——视觉神经编解码

在虚拟现实3.0时代，解决了部分技术问题后，VR发展的下一个方向在哪里？什么样的技术发展才能满足人们不断探索的求知欲？当头戴式设备已经严严实实地包围了人类的大脑，还能通过什么途径，给予感官更丰富刺激的体验？

人类在虚拟现实领域的终极形态将会是神经编解码形态，即虚拟现实4.0时代，业界乐观估计至少需近半个世纪才可实现。届时，人们的大脑或许可以像《黑客帝国》（*The Matrix*）里所预示的那样，如电脑一般写入代码并执行，身体和思维将被分隔和剥离，真实和虚拟将难以区分。

VR这把火最终会烧成什么样

我认为VR长期来讲可以改变世界，而且很多年轻人已经活在虚拟世界里面，真实世界已经是一种补充，所以必然性应该是毫无疑问。但是技术障碍在两三年内会不会有突破，可能会碰到阻碍和挑战，但是长期非常看好。

——李开复

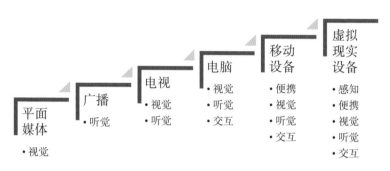

图 1-6　人机交互式发展示意图

　　VR最大的价值在于，它将成为下一代人机交互的综合计算平台。当我们回顾人机交互的历史，可以发现VR在人机交互领域的革命性突破。

　　人机交互是指人和计算机之间互相施加影响，交换信息的方式是联系人和机器之间的桥梁和纽带。狭义上的人机交互主要是指人和计算机的信息交换。早期人们主要关注机器硬件设备性能的提高，忽略了人机交互的重要性。随着晶体管的发明和计算机、网络等技术的逐渐成熟，尤其是计算机软件技术的发展，使得人们越来越意识到人机交互设计的重要性。过去，评价一个计算机软件主要由系统功能决定，现在，是否具有友好的人机界面已经成为计算机软件设计的一个重要评价标准。人机交互作为计算机系统的一个重要组成部分，一直伴随着计算机的发展而发展，从最初的语言命令交互，到现在普遍采用的图形交互，并且向着更自然和谐的方向发展，例如已经广泛应用的手写识别、语音识别等交互方式。随着计算机硬件、软件技术的发展以及人类对各种机器需求的多层次、多方位化，传统的一维、二维人机交互方式将逐渐被淘汰，新技术的出现必将导致崭新的、更加自然和谐的人机交互方式和人机界面的出现。

从本质上来说，VR系统是一种高级的人机交互系统，它要求以纯自然的方式交互，且对多通道信息进行处理。越是自然，VR系统也就越成功。在VR系统中的人机交互，使用者不仅可以利用电脑键盘、鼠标，还能通过特殊头盔、数据手套等传感设备进行交互。计算机能根据使用者的头、手、眼、语言及身体的运动，调整系统呈现的图像及声音。使用者通过自身的语言、身体运动或动作等自然技能，就能对虚拟环境中的对象进行操作。用户在虚拟世界中所感受到的信息经过大脑的思考分析，形成自己想要实施的动作或策略，通过输入界面反馈给系统，实现与系统的交互和控制运行的功能。

第二章

技术那些事儿

什么叫"真",你要如何定义"真"？如果你要说是你能感觉到的东西、闻到的气味、尝到的味道和看到的物体，那么所谓"真"不过是被你大脑解读的一堆电子信号而已。

——《黑客帝国》

已见雏形的产业生态圈

在VR发展初期，生态圈的构成与集中的移动互联网并无二致，主要分为4个部分：一是以终端硬件为最终产品的硬件生产产业链，二是以内容创作、行业应用为核心的内容生产产业链，三是打通硬件和内容的分发渠道和平台，四是第三方服务和媒体。只有这4个部分互相支持，合作共生，才能构成VR产业生态的繁荣发展。

目前，产业生态已见雏形，硬件设备迭代发展已经开始，但整体产品体验有待提升，各个环节都仍存在尚未攻克的技术难点。这既是VR发展的挑战，也为新进创业公司带来了机遇。虽然巨头们例如脸谱网、HTC、谷歌及三星等早已纷纷布局，新的大玩家也逐渐入场，但受限于VR用户数量，平台难以规模化，部分创业公司如若能够生产优质内容，迅速实现用户沉淀，未来在这场与巨头们的角逐中也仍具备竞争力。

接下来的章节，我们将系统阐述每一个生态环节的现状、挑战和发展趋势。

VR硬件生产：产品仍需迭代升级，期待核心技术突破

VR头戴式使用设备的运作方式

VR技术首先需要通过计算机系统（CPU，GPU）生成一个360°可见的虚拟数字空间，并通过终端设备进行显示。同时，利用手势识别、位置追踪等传感设备捕捉使用者的动作、意图和环境因素，并反馈到计算机系统中，生成计算指令，以实现使用者与虚拟世界的交互。

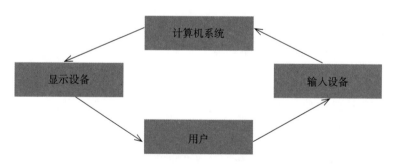

图2–1　VR头戴式使用设备的运作方式

使用端的产品形态

头戴式显示设备

目前主流的 VR 使用端设备都是以 VR 头盔即头戴式显示器（head mounted device）的形态存在，通过一个完全封闭式的头盔，物理上隔离人的视觉，以保证虚拟空间的沉浸感。

头戴式显示设备有三大核心要素：显示端、处理器和输入设备。根据核心处理器位于机体位置的不同，VR 头盔可分为两种，第一种是 PC 级 VR 显示器，第二种是移动级的手机 VR 和 VR 一体机。PC 级 VR 显示器需要和电脑主机或游戏主机连接，借助电脑主机的处理器运行。VR 眼镜盒子则在头盔上预留了一个手机槽，可以将手机插入，使用手机移动芯片、陀螺仪、加速器等运行。而 VR 一体机则是将移动处理器、主板、电池、屏幕等核心器件植入头盔里，无须连接线缆或任何主机，可以独立运行。

决定 VR 头显的主要技术参数包括：刷新率、分辨率、延迟。

如果分辨率过低，会导致图像不清晰，从而无法达到完全仿真的效果。而刷新率过低，则会出现屏幕抖动和画面延迟的情况。一直以来，VR 最被诟病的体验就是眩晕感。简单来说，造成这种不良体验的主要因素有三类：第一类是"画面动了，你没动"，眼睛看到的画面在运动，而从内耳前庭接收到的真实位置并没有运动，导致知觉冲突，从而产生晕眩感。第二类是"你动了，画面没动"，也就是当你戴上头盔转动头部时，画面的切换跟不上你转动的速度，产生延迟，这时你的大脑发现信息不匹配，就会出现眩晕。据研究，这种延迟如果能降低到 19.3 毫秒以内，大脑就很难察觉到。第三类是个人前庭感官的敏感程度，就是晕动症，即晕车、晕船的个体差异。

一种理想状态的 VR 体验，需要这三个参数分别达到以下标准。

- 屏幕刷新率：100~120 赫兹。
- 屏幕分辨率：8K。
- 延迟：持续压缩，至少在 19.3 毫秒以内。

三个指标的达成度取决于显示技术、CPU/GPU 处理性能以及屏幕性能。

处理器

正如无论 PC 还是手机，处理器的性能从根本上决定了用户体验，VR 需要处理的数据远大于传统的 2D 图形，对处理器的要求自然也更高。

对于 PC VR 来说，目前两大 VR 设备厂商 Oculus 和 HTC 都给出推荐的 PC 配置。在处理器方面，推荐使用 Intel Core i5-4590 以上配置的处理器。在GPU（图形处理器）方面，Oculus和HTC都推荐使用NVIDIA GTX970或者AMD 290以上配置的GPU。目前NVIDIA新推出的GTX1080和超威新推出的RX480在性能上有极大的提升，能够满足大型VR游戏的需求。

对于VR一体机和手机VR来说，由于其采用的是移动平台处理器，又要求高实时性和高等级的画面渲染效果，挑战会非常多。首先是处理器的CPU和GPU性能必须足够强大，至少能应对 $2560 \times 1440 + 60FPS$（每秒传输帧数）以上的计算渲染能力。折算成指标化的需求，其中CPU的要求是6xa53@2G或更强，GPU的GFLOPs（每秒千兆次浮点运算）值须在200以上，图形接口支持OpenGL ES2.0及以上配置。其次是功耗必须足够低。头戴式VR一体机设备通过电池供电，为了减轻整机重量，机身的电池容量不能过大。在电池容量一定的情况下，处理器的功耗越小，设备的续航时间越长。而功耗大的处理器，耗电和散热都将成为严重的问题。高功耗的处理器如果散热处理不佳，很容易因高温导致CPU和GPU降频，致使处理器的计算性能明显下降，用户体验也会随之受到明显影响。头戴式VR一体机设备在设计时，功耗控制在8瓦内为佳。

显示屏

显示屏也是VR的核心，逼真的视觉效果是沉浸感的基

础。目前在小尺寸的电子产品上，可应用于显示单元的类型有
AMOLED、TFT、DLP、LCOS等，其中LCOS和DLP等显示设备因
其尺寸较小，相应产生的视场也较小，并不推荐使用。AMOLED
有低响应时延的优势，响应时间小于2毫秒，是目前各大厂商
普遍使用的显示方案。但因AMOLED目前存在优良率不高和分
辨率不足两个难题，要在VR领域拥有一席之地，在技术方面还
需要突破。传统手机上使用的TFT，显示效果优良，分辨率也较
高，但屏幕响应时间普遍都在25毫秒左右，这对于VR产品也
是致命的弱点，和20毫秒的响应时延相冲突。目前TFT只适合
应用于对时延要求不高的VR播放器。不过，最近TFT也有不少
利好消息，夏普等国际大公司正在推荐VR专用的TFT，据称可
以将液晶的翻转时间控制在4毫秒以内。一旦实现，VR行业的
显示效果将会获得极大改善，同时AMOLED也会面临被取代的
危险。

光学显示技术

即使硬件做到顶配，也只能优化现有的VR体验，未来能否
革命性地提高VR的视觉体验，还需要光学技术的突破。目前，
VR头盔显示器的显示原理主要基于双目立体视差原理：显示屏
幕提供具有双目视差的两组计算机产生的文字图像信息，两组目
视成像系统分别对具有双目视差的可视信息，成像投影在用户的

左右双眼从而在用户的大脑中形成立体图像信息。Oculus CV1、HTC Vive、Sony PSVR、Gear VR等都采用了这种方案。但由于在双目视差的方案中，单眼所看到的图像深度和双目实际看到的图像深度不同，会造成视觉感知上的矛盾，产生一定的眩晕感，从而降低用户体验。

　　未来，基于光场的显示技术有望解决这个难题。光场显示方案有两种：一种是利用两块叠加透明的显示屏，使需要显示图像的光线选择性地进入人眼，确定聚焦的位置。另一种方式则是采用扫描成像结合变焦透镜，使人眼聚焦于虚拟图像的部分视场始终是清晰成像，而周围的视场则变得模糊，并且可以感受到远景图像成像于远处，近景图像成像于近处，达到自然人眼的观看效果。

其他核心部件

　　除了以上提到的核心组件外，传感器也是非常重要的一部分。它可以用来捕捉头部动作，通常使用陀螺仪、加速度、磁场传感器等。另外也需要无线连接模块与外设的输入设备如手柄进行连接，以提高VR的交互体验。

　　VR硬件的提升，取决于基础配件的发展。芯片性能和显示屏技术以及量产水平将决定VR发展的格局。整体产业需要引导底层技术向VR行业的导入，包括更多地向视觉技术、可穿戴能力（包括减小体积、降低功耗、增强散热能力等），以及结合人体工程学的相关技术进行专项投入，并实现技术转型。目前，CPU主要生产商英特尔、超威、高通及三星等企业，GPU主要生产商NVIDIA、超威等都将针对VR设备推出迭代新品，这是VR体验的最核心部分。这一部分的基础打好了，VR硬件的成熟和爆发将指日可待。

三种终端类型比较

PC级VR显示器

目前PC级VR显示器带来的产品体验最成熟，Oculus Rift、HTC Vive发布的消费者版本已基本看到VR的未来形态。但是，PC级VR显示器的便携性差、价格高，尤其它需要配备性能非常好的PC主机，这也为整体设备解决方案提高了价格门槛。目前市面上最受关注的PC级VR显示器分别是Oculus Rift、HTC Vive和索尼PS VR（PlayStation VR）。这些产品的成本与市场定价都较为昂贵，且需要另外搭载高性能的PC或者游戏主机。

以下是三大VR头显的技术指标对比（见表2-1）。

HTC、Oculus和PS VR虽然都是主流的PC级VR显示器，但是它们的理念并不完全一致。

从性价比来说，HTC虽然售价最高，但拥有完整的交互配件，

表 2-1

研发机构 技术指标	Oculus	HTC	索尼
分辨率	2160×1200	2160×1200	1920×1080
刷新率	90	90	60~120
视场	>100°	110°	100°
延迟	<20ms	<22ms	<18ms
体感追踪	升级版桌面摄像头	激光光场 LightHouse	PS 体感控制器
空间追踪	惯性传感器	44 个光敏追踪传感器	9 个 LED（发光二极管）光源
输入设备	目前使用 Xbox 手柄（未来将配备 Touch 手柄）	HTC 手柄	Move 手柄
售价（美元）	599	799	399

VR 体验最为全面。一套 HTC 产品包括位置追踪发射器、头部显示器以及手柄。相比较而言，虽然 Oculus 也有对应配件（包括 Touch 手柄和 Omini 跑步机），但都需要单独购买，且总价较高。HTC 和 Oculus 需要搭配高配 PC，推荐的 PC 单机售价在 1000 美元左右。PS VR 的价格最低，但它主要还是 PS4 的一个衍生配件，如果要配齐全部配件（包括 PS4），价格也在 800 美元左右。三种产品全套设备见图 2-2、图 2-3 及图 2-4，图片均来自各产品品牌官方网站。

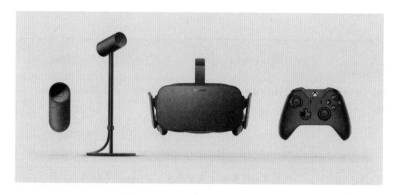

图 2–2 Oculus Rift 全套设备

图 2–3 HTC Vive 全套设备

就使用体验来说，HTC Vive 的交互性较之 Oculus Rift CV1
有明显优势。这主要是因为 HTC 通过激光传感实现房间内的位移
追踪，用户可以戴上 Vive 在一个 4.5 × 4.5 平方米的空间里走动，

图 2-4　索尼 PS VR 全套设备

这极大增强了 VR 的互动体验。而 Oculus 更适合坐着使用，虽然它对晕眩有一定的优化并且头盔非常轻便，但互动的维度和空间范围减少，趣味性也受到影响。不过这一点也许会随着 Touch 手柄上市，以及位置追踪设备的推出会有所改善。PS VR 是基于 PS4 的衍生产品，PS4 的运行能力有限，PS VR 本身的显示精度也不如另外两家，虽然得益于索尼的精帧技术，刷帧率高、延迟低，部分弥补了精度的不足，但它在整体性能上还是不如另外两家。

　　就量产能力来说，Vive 目前更胜一筹，这得益于 HTC 原有的供应链优势。据悉，Vive 第一批出货里许多产品都是手工焊接的，每台 Vive 的内部电路都不完全相同，还有许多手工标识残留的痕迹。Oculus没有产品供应的积累，所以在供应链控制上不如HTC和索尼，初代消费者版本的产品表现差强人意。

就内容而言，Oculus因为项目启动早，又有游戏界大腕约翰·卡马克担任CTO（首席技术官），在内容领域目前有一定的优势。但Oculus因为是三巨头里唯一需要从零开始建设内容平台的，所以在后期开发上，资源储备不如HTC（和Steam合作）和索尼。HTC目前也在大力开发内容，吸引了包括红杉资本、经纬创投、和君资本等在内的全球28家顶级VC，以百亿美元投入到内容生态中。不过要实现HTC和Oculus的跨平台使用也相对简单，平台壁垒容易打破。PS VR依赖原有的4000万PS用户，能够很好地笼络游戏开发者，生态平台优势很大，但局限是过度依赖游戏内容，在行业应用上不如HTC和Oculus普及度高。

手机VR

手机VR由高性能智能手机、VR光学系统、壳体支架、佩戴结构构成。使用时需先将智能手机插入VR眼镜盒子，然后佩戴在人头部，通过光学系统观看使用。作为入门级设备，VR眼镜盒子价格非常低。便宜的VR眼镜盒子，比如谷歌的Cardboard售价只要15美元，而相对成熟的三星Gear VR也只需要99美元。相比PC级VR显示器，VR眼镜盒子的使用门槛的确很低。对于普通消费者，VR眼镜盒子将是更为现实的消费品。但目前VR眼镜盒子所采用的手机CPU性能较差，重量过重且没有散热设计，无法达到优质的 VR 沉浸感体验。同时，因为不具备交互体感传感功能，VR眼镜盒子无法进行人机交互，设备更适合用来观看交互性较少的 VR 视频。基于此，预计在未来 3~5 年内，VR一体机将会在性价比方面取得更大的市场优势。

手机VR的核心设备是手机，因此，决定用户体验的一切关键因素（如屏幕清晰度、画面响应速度、内容吸引力等）都取决于手机配置和手机上的软件应用。至于"VR眼镜"的作用，只是隔挡了真实世界的光线，以及把手机横向放置于玩家眼前。由于其技术壁垒低、生产成本低，手机厂商普遍会采取"买手机送盒子"的销售方式，独立品牌的手机盒子很难有市场生存空间，而并不完美的沉浸感体验也让初次尝试VR的消费者对VR印象不佳。

[案例 1]

三星 Gear VR

2014 年 9 月，三星发布的首款 VR 产品 Gear VR，是一款与其 Galaxy 高端智能手机配套使用的头戴显示设备，由三星与脸谱网旗下 VR 技术厂商 Oculus 合作生产。Gear VR 目前发展到了第三代，相比起主机 VR，Gear VR 的特点在于简单易用且价格低廉。

Gear VR 市场售价 99 美元，适配三星系列手机，分辨率达

图 2-5 三星 Gear VR

到 2560×1440p，可视角度为 96°，可以通过头部运动和触摸功能实现交互。值得一提的是，虽然 Gear VR 的分辨率能达到 2560×1440p，但由于手机屏幕分辨率以及可视角度低等原因，Gear VR 的视觉体验远不如 Oculus。

用户需要在手机上下载操作系统 Oculus Home 和视频播放器 Gear VR Video 等基本软件才能体验 VR 内容。内容由三星与 Oculus 合作推出的应用商店分发，目前大多数内容是需要付费的。对于付费内容收入，Oculus 可获得 30% 的收入提成。目前 Gear VR 版 Oculus Store 应用商店内的 VR 应用并不多，但随着高端手机出货量的增加以及用户为追求更好的体验迁移平台，应用商店上的内容会日渐丰富。作为一款入门级 VR 产品，Gear VR 的体验已超出消费者预期，但手机续航、重量过重和过热的问题还有待解决。

[案例2]

图 2-6　谷歌 Cardboard

谷歌 Cardboard VR 眼镜

2015 年 5 月 29 日，在一年一度的谷歌 I/O 开发者大会上，谷歌公布了一个名为"Cardboard"的 3D 眼镜。它由再生纸板盒组建而成，在放入手机后可以变成 VR 眼镜。Cardboard 纸盒内包括了纸板、双凸透镜、磁石、魔力贴、橡皮筋及 NFC（近距离无线通信技术）贴等部件，凸透镜的前部留了一个放手机的空间，而半圆形的凹槽正好可以把脸和鼻子埋进去。组建过程非常简单，根据纸盒上的说明玩家几分钟内就能组装出一个非常简陋的玩具眼镜。但

Cardboard的视觉效果不尽如人意，透过Cardboard的镜片看手机屏幕，屏幕分辨率会明显降低。在内容生态系统方面，Cardboard依赖于Google Play进行应用分发。在使用过程中，用户需要先从Google Play下载Cardboard应用配置其VR设备，然后浏览Google Play，为Cardboard下载第三方应用。此外，谷歌也发布了iOS版Cardboard应用，用户可通过苹果商店下载VR应用。

Cardboard的价格非常低廉，市场售价不到20美元。谷歌甚至在网上贴出了Cardboard的图纸，供玩家自行购置器材自己动手制作。由于价格低廉、制作简易、噱头十足，Cardboard的市场反响热烈。截至2016年年初，谷歌Cardboard销量超500万台，应用装机量2500万，搭载了超过1000个应用，积累了35万小时的观影时间。Cardboard更重要的意义在于公布了纸盒SDK的应用方案，让VR眼镜盒子这种产品可以快速普及，让更多的消费者对VR有了一个初步的认识，而国内2015年如雨后春笋般出现的眼镜盒子产品也是因为谷歌的开放红利，让VR的准入门槛变得非常低，任何人都可以生产眼镜盒子。

VR 一体机

该类设备不需要外接手机或PC主机，其基于移动平台的CPU/GPU、传感器、显示屏、通信单元等各元器件集合于一体，构成独立完整的产品 。使用时打开电源开关，直接佩戴在头部即可。在价格上，VR一体机比 VR 头显+PC便宜，体验上优于VR眼镜盒子，同时具有便携性和移动性。但是受限于技术发展，VR一体机产品还在初期阶段。首先，头戴设备需要"轻便"，但VR一体机将显示模块、计算模块、存储模块、电源模块全部集成到设备中就增加了设备的设计难度。

［案例3］

图 2-7　IDEALENS

IDEALENS一体机解决方案

IDEALENS公司（国内VR厂商）的一体机解决方案是目前

比较成熟的模式。它将电池模块后置，头部主机部分重量仅仅295克，大幅减轻了颈部压力。另外在光学技术上，它的FOV值可达120°，接近人眼的视域，并在视觉矫正上研发出了畸变矫正算法。另外，IDEALENS一体机解决方案在整体时延上可以低于17毫秒，为业内领先水平。不同于HTC的红外激光位置追踪，IDEALENS采用的是电磁加光学解决方案，精度在1毫秒级别，成本低廉，也支持同一空间内多人位置追踪。

VR设备的最终产品形态

以上三类设备形态，其系统复杂度和设计难度从易到难排序为手机VR，PC VR和VR一体机。其中手机VR和VR一体机也被统称为移动VR，被认为是VR发展的重要趋势。CPU/GPU的发展决定了VR设备的存在形态。手机VR由于研发成本低、技术门槛低，可复制性强，目前是VR设备的主流形态，也吸引了许多资本进场。但长期来看，手机VR很难提供更好的产品体验，除非移动设备跟随VR的迭代能力，升级芯片，生产专门针对VR的手机，否则在未来无法成为VR设备的主战场，它仅在产业初期起到培育市场的作用。

PC VR虽然能够带来更好的体验，但是2010年之后的移动化浪潮极大地冲击了PC产业链，尤其是PC的程序开发生态，提供不了丰富的产品、技术、人才支撑，直接导致整体产业链衰落。除此之外，PC级VR显示器将VR使用场景局限在了家里或办公间，移动性低，难以融入日常生活。

VR一体机被认为是VR设备的主战场。但一体机是否是VR的最终形态还很难下结论。一体机虽然是可穿戴设备的一种，但是VR设备本身就隔绝了真实世界，即使做到了随时随地的移动性，也很难成为日常生活的一部分。你没有办法一边戴着VR眼镜一边吃饭，或者一边戴着VR眼镜一边走在路上。它的沉浸感是它的撒手锏，但同时也限制了它在日常场景中的应用。这也是为什么能够和日常场景更好结合的AR被认为比VR有更大的市场潜力的原因。未来VR的最终形态是什么，也许还要取决于AR的发展。3R的融合和无缝切换，才是对泛虚拟现实技术的最佳诠释。

对于VR硬件企业来说，真正的核心竞争力是什么？在CPU、GPU、屏幕层面，由于芯片技术门槛高，VR企业极难涉足，未来很可能会被行业顶尖巨头垄断，VR硬件企业在这个层面的竞争力多基于供应链的整合能力。

而低延时的VR移动端的SDK算法，谷歌在开放Cardboard和Daydream之后，硬件企业可直接使用谷歌的底层算法完成VR眼镜盒子和VR一体机的研发工作。

我们认为，VR硬件企业的核心竞争力在于光学技术、交互技术（位置追踪技术、手势识别技术等）以及掌控用户入口平台这几个层面。VR硬件企业应当在光学技术、位置追踪技术上迅速建立国际化的专利壁垒，才有机会在未来竞争中更胜一筹。

[案例4]

不走寻常路的微软HoloLens

微软HoloLens（微软公司开发的一种混合现实头戴式显示器）是一个增强现实头盔，但在微软的宣传里，更乐于将它定位为一个独立的全息电脑。不同于VR将使用者与现实世界隔离开来，沉浸于一个新的世界，HoloLens创造的是一个虚拟和真实叠加的世界。

图2-8　微软HoloLens

HoloLens的样子更像一个面甲，它采用全息声效，但它并不和外界声音隔离，使用者还是可以听到周围真实世界的声音。HoloLens属于独立运行的一体机，它更接近于一个成熟的32比特Windows 10系统的PC端，具备64G的动画存储和2G的随机存储。

透过HoloLens看到的影像都接近真实，但品质有待提升。在HoloLens的顶部是一对可以对周围环境成像的3D影像处理器，它将图像投影到真实世界中，使玩家与真实世界互动。比如将一条鱼投影到鱼缸里，一只老虎投影到门口，甚至可以投影一个美女和你一起躺在床上。

但HoloLens的视域比较窄，无法填满视野。它投影出来的影像就像一个17英寸高清屏幕浮在眼前。比如即使在人眼视域（120°）内的图像，因为HoloLens的视场角只有水平方向30°，垂直方向17°，玩家也只能通过调整观看的角度和位置来看到图像。

在互动方面，微软HoloLens交互模型主要有三大元素：凝视、手势和语音。通过凝视观看对象进行定位；通过凌空触控手势输入指令；使用语音命令进行控制。其中手势交互仍以模拟鼠标为主，拇指和食指捏合即为点击，放开即为确认。对于复杂的指令则通过语音控制，但和Cortana（中文名微软小娜，是微软推出的一款个人智能助理）交流，还是会常常因为不被理解而受挫。

VR操作系统：各家的生态之争

为什么苹果手机价格昂贵仍然备受追捧？除了它具有乔布斯风格的完美主义外观设计，iOS系统功不可没。iOS相较于安卓系统（Android），稳定性更高，操作速度快，用户界面友好，于是用上了苹果手机的用户很难再拒绝它。但安卓系统更开放，允许合作伙伴定制化开发。于是，在安卓生态里，不同的定制化方案的体验也各有差异，这也是同样基于安卓生态的小米和华为能够在手机这片战场中脱颖而出的关键。

头戴式VR一体机设备需要针对动态响应低时延、预测和插帧显示、传感器检测、屏幕刷新方式、散热控制、交互外设等做大量的算法与底层软件优化。对于连接PC的VR显示器来说，这些大多可以在PC机上得到成熟的实现，而对于手机VR或一体机来说则相对更有挑战。由于手机VR和VR一体机都采用移动平台，其针对VR的操作系统优化具有相似性，故在此合并以VR一体机来介绍。VR一体机的操作系统一般基于Android OS进行定制，裁剪冗余的系统服务或模块，同时增强显示机制和传感器功能。

2016年5月，谷歌在美国旧金山举行的Google I/O大会上，宣布了其Daydream移动VR平台。谷歌拟借Daydream为手机VR

创造一个开放的生态系统，提供 VR 软件、硬件参考设计，并如同智能手机一样，允许合作伙伴深度定制，为用户提供具有自身生态属性的安卓 VR 硬件产品，进而打造融智能手机、头显（+控制器）及 VR 应用于一体的生态系统。

Daydream 系统从底层算法入手，为相同硬件配置的移动 VR 设备提供更低的时延、更高的分辨率和更好的传感器。但是要与 Daydream 适配，硬件门槛很高，目前暂时还没有手机 VR 厂商能够提供符合 Daydream 要求的硬件。Daydream 瞄准的应该是下一代手机的使用用户。

国内目前也开发了基于安卓系统的 VR 操作系统，其中最具代表性的是 IDEALENS K2 的操作系统和睿悦的 VRrom。经历了手机时代的我们都知道，最初的时候由于硬件不统一，各家硬件厂商都基于 Java（在网际网络上的应用程序开发语言）开发出自己的操作系统，后来安卓以其开源的生态模式和更好的体验形成了行业标准。现在在移动 VR 端，基于安卓生态，各硬件厂商都开发了自己的用户入口平台，希望占据先发优势，笼络生态资源。但随着核心硬件如显示屏、芯片等逐渐标准化和统一，在谷歌 Daydream 平台发布、行业标准确定的背景下，各家厂商更有可能是在 Daydream 平台上做一定的个性化定制，形成自己的 Launcher（一款苹果应用软件）。

但另一方面也不排除会有更具野心的团队开发基于VR的一套全新的操作系统。如同PC端的Windows系统生态并没有成功移植到移动端一样，移动端的安卓系统能否在VR时代再续辉煌，我们也要拭目以待。

在VR技术发展之前，位置跟踪技术就已经被广泛运用于军事、医疗、影视等领域。目前常用的位置跟踪主要基于光学、计算机视觉、电磁场技术，另外还有基于超声波、电磁波、惯性传感器等技术手段。

关于VR，交互技术也很重要

目前适用于VR的交互技术包括空间追踪、动作捕捉、手势识别、眼球追踪，以及最终实现五感交互。

空间定位技术的解决方案

基于电磁场的位置跟踪技术

电磁场强度在空间位置中的分布是有规律的，因此可以通过测量被跟踪物体在该空间位置上各个方向的电磁场强度,反向求解出其位置和姿态。

电磁跟踪系统一般是由发射器和接收器组成的。发射器用于产生一个交流磁场,接收器用于测量该磁场强度,计算出接收器的 6 个自由度参数,见图 2-9。

该类跟踪技术最大的特点是发射器和接收器之间不会受到非磁性材料障碍物阻挡,接收器数量没有上限、精度高、成本低。但由于电磁场强度随着距离的三次方进行衰减,目前在 VR 领域最大的挑战就是扩大其定位范围。

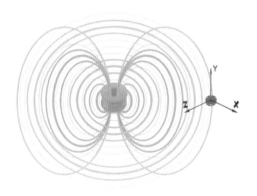

图 2-9 电磁场跟踪系统工作原理示意图

基于光学摄像机与标志点的位置跟踪技术

基于光学的位置跟踪技术已经发展得比较成熟，广泛应用于影视游戏、科学研究、虚拟现实等行业中。该技术的基本原理是利用摄像机拍摄被跟踪物体上的标志点，经过图像处理后计算出物体的位置和姿态。

光学运动捕捉/位置跟踪系统通常由摄像机、数据处理系统以及标志点构成，根据摄像机的使用情况可以大致分为以下两种。

• 相机阵列：常用于大范围、高精度定位场合，如科学研究、电影级的动作捕捉等。检测精度高、范围大，不易受遮挡，支持多人同时定位跟踪，但成本高，适用于专业场合。

• 单摄像机配合红外点阵：Oculus采用红外LED点阵作为标志点，其最大的特点是通过控制LED的发光频率区分每一个点。这样有利于POSIT（适用于C语言程序设计的一种算法）的计算，大幅减少计算量，也为多物体跟踪提供了可能。算法中采用了预测算法，以降低总体时延。其定位精度高、时延低、成本相对较低、使用方便，同时定位范围较小，支持跟踪物体的数量有限。

双目摄像机配合单标志点

索尼 PS VR 采用 PS Eye 的双目摄像头，标志点是不同颜色的可见光光球。由于每个手柄的定位点只有一个，所以只能通过光学计算出位置信息，姿态信息则是由手柄中的 IMU（惯性测量单元）采集。设备成本低，使用方便，但精度较低，不支持预测算法，总体时延相对 Oculus 稍高。

基于激光扫描的位置跟踪技术

激光定位系统一般由扫描基站和接收器构成。扫描基站可产生两个不平行的激光平面，匀速扫描形成光场覆盖整个被测空间，并且在每个周期固定位置发出同步光信号。接收器可同时接收同步光信号和激光信号，通过测量同步信号和激光信号的时间差计算激光平面旋转的角度，最后通过融合多个基站或者多个传感器的数据计算出接收器的位置和姿态信息。

激光定位方案的优点是精度高、延时低，相对基于摄像机的光学定位系统成本更低；缺点是对扫描基站的布置有一定要求，覆盖区域面积适中，大面积扩展较难，另外对产品外观面有造型和设计影响。

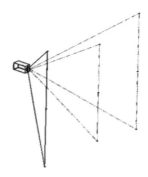

图 2-10　扫描基站

图 2-11　接收器

动作捕捉

目前动作捕捉系统有惯性式和光学式两大主流技术路线。惯性捕捉精度更高，并且不需要借助摄像头，能够降低成本。但它难以捕捉跳跃等动作，而且需要贴身采集信号，现在主要是以可穿戴衣服的方式解决，主要适用于线下场馆。另外，惯性捕捉无法进行精确的空间定位，仍然需要配合光学定位确定空间位置。

光学式动作捕捉的优点是它能同时进行空间追踪，能够捕捉大多数动作，而且不需要额外穿戴，但当有障碍物阻挡时，光信号无法捕捉。

未来光学解决方案和惯性解决方案的应用将因为场景不同而分化。光学方案在客户端更有市场空间，但对于一些对精确度要求高、互动体验感更强的场景，比如电影、游戏、工业应用、医疗手术等，惯性捕捉结合光学追踪的方案具有明显优势。

［案例5］

诺亦腾 Project Alice

诺亦腾针对VR推出了一套商用的解决方案Project Alice，"这是全世界首个完全整合的商用VR解决方案。搭配头显、惯性动捕服、光学跟踪系统、动作手套和背负式计算机等，这是一套全整合的VR系统。"

Project Alice采用混合动作姿态捕捉，同时使用光学传感器和惯性传感器。惯性传感器提供所有动作姿态的捕捉，光学传感

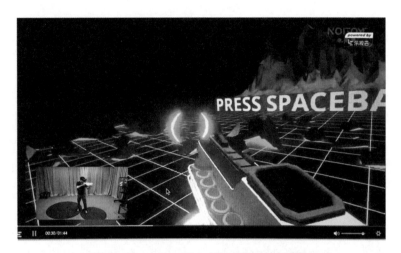

图 2-12　Project Alice 虚拟现实系统示意图

器提供精准的定位追踪，这种混合技术能做到优势互补。光学传感器的优点在于它能精准定位，但是因为光线沿直线传播，一旦有物体遮挡，就无法获取位置信息；惯性传感器则不受这个限制，并且延迟也非常小，但是惯性捕捉容易产生累计误差，精度不及光学传感器，它更多是在光学传感器无法获取数据时进行数据补充。

Project Alice 有三个级别的应用场景。第一个是桌面级别，主要用于单人使用，成本较低，支持小范围的移动。第二个是小面积展厅级别，支持 6 米 ×6 米、10 米 ×10 米，最大可到 15 米 ×15 米。第三个级别是大型主题公园，这就不受面积限制了。Project

Alice最大的不足在于硬件配套，它没有适用的专业级别PC、VR和输入设备。

除了捕捉真实场景外，诺亦腾还希望建立一个新的世界规则，即让用户获得某种超自然的体验。对此，他们很谨慎。诺亦腾的CTO曾经在接受采访时说VR分为两个维度。第一是拟真，即让虚拟的东西真起来；第二是超越，即创造超越真实的东西。比如我们在虚拟世界里看到跟现实中完全一样的风景，是拟真；但虚拟世界里，我们悬浮于宇宙中，那就是超越。

诺亦腾认为，要控制人的欲望，不能让用户觉得"无所不能"。因为当欲望膨胀之后，人会反过来提出更多的要求，而当这些要求不能被满足时就会倍加失望。"所以我们在做这个东西时就进行了非常谨慎的控制，给人一种感觉：哦，我的能力比在自然状态下稍微高了一点点。"诺亦腾CTO戴若犁说，"我希望有一整套逻辑，能让人自然地学会，有轻微的欣喜感但又不会太过分，这是一件需要把握的事情。科技发展的初期一定不能贪婪，我说的贪婪不是赚钱，而是不能炫技，一定要控制，我们一直怕自己控制不住。一个技术从让你'哇'，到让你能用起来，差得太远，所以我们要拼命地收。"

体感手势识别

对于比较精细的动作捕捉，比如手势、手指动作，仅仅依靠前面提到的动作捕捉技术，还难以做到精确识别。所以在手势识别这一块儿，又衍生出了一套新的技术解决方案，包括依靠光学的三维手势识别和依靠人体神经学的肌电捕捉。在光学识别上，不同于二维图形识别，它还需要输入有深度的信息，以识别各种手型、手势和动作。深度信息的获取需要依靠专门的硬件，再加上计算机视觉软件算法，目前世界上主要有四种方式。

结构光

结构光（structure light）的技术原理是依赖于激光折射后产生的落点位移，通过计算机算法测算出深度，从而还原三维图形。但如果距离太近，折射导致的位移不明显，使用该技术就不能精确地计算深度信息。

光飞时间

光飞时间（time of flight）技术的基本原理是加载一个发光元件，发光元件发出的光子在碰到物体表面后会反射回来。使用一个特别的 CMOS 传感器捕捉这些由发光元件发出，又从物体表面反射回来的光子，就能得到光子的飞行时间。根据光子飞行时间进而可以推算出光子飞行的距离，也就得到了物体的深度信息。

在计算方面，光飞时间是三维手势识别中最简单的方式，不需要任何计算机视觉方面的计算。

多角成像

双摄像头测距是根据几何原理计算深度信息的。使用两台摄像机对当前环境进行拍摄，得到两幅针对同一环境的不同视角的照片，实际上就是模拟了人眼工作的原理。因为两台摄像机的各项参数以及它们之间相对位置的关系是已知的，只要找出相同物体在不同画面中的位置，我们就能计算出这个物体距离摄像头的深度。

多角成像是三维手势识别技术中硬件要求最低，但同时也是最难实现的。多角成像不需要任何额外的特殊设备，完全依赖于计算机视觉算法来匹配两张图片里的相同目标。相比于结构光或者光飞时间这两种技术成本高、功耗大的缺点，多角成像能提供"价廉物美"的三维手势识别效果。

肌电识别

肌肉在收缩或者舒张的时候会产生电信号，肌电识别（EMG recognition）是在体表无创检测肌肉活动的重要方法——通过电极从肌肉表面采集神经肌肉生物电信号，并将其记录、放大、传导和反馈，从而进行肌肉功能的量化评定。

眼球追踪识别

眼球追踪识别是指电脑摄像头能够自行追踪眼球运动，获取眼球运动信息，判断用户的状态和需求并进行响应，最终的状态是用户通过转动眼球、眨眼睛、注视就能控制设备。眼球追踪识别的技术实现路径有三条：一是根据白眼球（主要是眼白的毛细血管）和眼球周边的特征变化跟踪，信息采集由高清摄像头完成；二是跟踪虹膜变化的角度，信息采集同样由高清摄像头完成；三是通过设备主动向虹膜投射红外线，夜视摄像头捕捉反射光提取特征，采集方式为红外线搭配夜视摄像头。其中第三种方法是最精确的，因为虹膜就像指纹一样有着明显的个体差异，在红外线照射下通过夜视镜头可以将其捕捉并记录下来。

作为一种新的交互方式，眼球追踪识别技术对VR产业的影响不仅仅在于知道用户在看哪里而已。一方面，眼球追踪技术可以显著提升用户在使用VR设备时的沉浸感。目前的头戴显示设备是基于陀螺仪、加速度器的交互方式，视角转换要伴随着头部运动。但我们知道，在实际生活中我们完全可以通过眼球转动

观察水平 ±30°、垂直 ±12° 角度范围内的画面，而不必扭转头部。在没有眼球追踪技术的情况下，无论我们怎么转动眼球，看到的都是同一幅完全高清画面的不同地方而已。实际上我们在生活中看到的画面不是全高清的，而是在注射点中央清晰，周围视野区模糊。眼球转动，高清区域和模糊区域也随着变动，这就是眼球追踪技术力图实现的效果，还原更真实的视觉角度切换图景。

另一方面，眼球追踪技术可以大幅降低设备对 GPU、CPU 的要求。目前 VR 硬件厂商所共同面对的问题便是用户的计算机硬件满足不了显示设备高清渲染的需求，Oculus Rift 建议配备 1000 美元以上的计算机。眼球追踪识别的作用在于，当人眼在看屏幕时，只有视觉中央的凹视野是清晰的，周边区域成像都很模糊，因此在画面渲染过程中只需要渲染中央凹视野很小的范围，对周边视野区域则需进行模糊渲染。这样一来，计算机需要渲染的数据量就小了，对 GPU、CPU 的要求也就相应降低了。

五感交互

人体有五感，形、声、闻、味、触，分别来自于视觉、听觉、嗅觉、味觉、触觉，构成了人体对真实世界的认知。我们接受外界信息的 70% 是通过视觉，所以 VR 一直以来的重心是在于创造一个足够逼真的虚拟视觉场景来欺骗大脑，让我们误以为深陷其中。但我们的大脑也会关注另外30%的信息，这些信息包括气味、声音、疼痛感、阻力等。当这些信息与视觉画面的信息不完全对应时，大脑就会"怀疑"眼见是否为实，用户沉浸感就会大打折扣。试想一下，用户置身于一片薰衣草田野中，鼻子闻到的却是旁人吸烟的味道，或者拥抱女朋友，手却可以穿过她的身体，这些情形下大脑当然会认为五感被割裂在了两个不同的场景中，而其中必有一个是虚拟的。但是，当五感的信息整体统一时，各种感觉会形成反馈循环，相互形成正效应，让用户深信眼前的世界是真实的。

触觉模拟

人的皮肤神经接收的信号分为两种，一个是压力，另外一个是刺激，所以触觉模拟实际上包括两个部分，一个是受力反馈，一个是刺激模拟。受力反馈上，现在使用的是震动马达结合肌肉电刺激系统。震动马达产生震动感，电流刺激肌肉收缩运动，结合起来让使用者感受到真正的"冲击感"。但神经通道非常复杂，很难仅仅通过刺激一下就能获得相同的神经反馈。使用电刺激只能获得很粗糙的模拟触觉，这对于追求沉浸感的VR用处不大。

嗅觉模拟

对于嗅觉还原问题，FeelReal公司推出了一款面具——FeelReal Mask，试图帮助用户模拟虚拟场景中的真实嗅觉。FeelReal Mask 是一个全封闭式的面具，能够释放气体，还会借助小幅度的温度波动为用户提供热风、冷风以及水雾的体验。但由于重量、舒适度、透热性等问题严重影响用户体验，这款产品离被市场接受还有很长的路要走。

味觉模拟

关于味觉模拟，虽然新加坡国立大学研究出了味觉模拟电极，由电极在点触舌尖后，通过温度和电流变化的信号工作，通过发送微小的交流电流和轻微的温度，欺骗使用者的味蕾，让使用者觉得自己在"品尝"四种味道的美食：酸、甜、苦、咸。但是这种技术仍然停留在实验室阶段，毕竟要让消费者的舌头连上一个电极，心理障碍还是很大的。

目前对于触、嗅、味的模拟都还在初步探索阶段，更多是通过模拟外部刺激来欺骗大脑。未来的理想解决方案，是直接控制大脑，也就是模拟脑电波。关于这方面的学术研究已经有了相当多的积累，但是还没有可以商用的成熟方案。

以上提到的技术是使用端的技术，它定义了一套不同于互联网时代的人机交互方式。这些技术的目的都是服务于虚拟现实的特性，即沉浸感、临场感和交互，在一个虚拟的空间里创造出一种可以欺骗大脑的真实体验。于是在虚拟世界里，我们所感受的，将无异于我们在真实世界所感受的，它将悬浮于我们的记忆之中，成为我们"存在"的一部分，它将调动我们的情绪和情感，融入我们的意识，最终重新定义我们"存在"的方式。

内容为王：在VR内容生产端，标准仍在建立

VR的内容生产主要分为两个部分：一个是内容采集，这主要针对影视创作、直播等，需要将真实场景移植到虚拟空间中；另一个是内容制作，这针对完全在虚拟空间中构建的场景，如VR游戏、应用等。内容制作中的交互设计，是所有内容的突破口，是实现VR体验感的核心要素。

内容采集

全景拍摄

全景相机，是将多个超广角镜头，在精确调校之后整合在一起。它能同时抓取360°的图像信息，再集中进行图像拼合及视频输出。每个镜头都对应独立的CMOS感光元件、独立的像素点以及机内处理原件，通过整合的机内存储器进行图像处理，再输出到全景处理服务器中进行拼接缝合。目前主流的全景相机解决方案有谷歌的Jump，诺基亚的OZO、Jaunt VR等，但专业级的全景相机价格偏贵，均在5000美元以上。

图 2–13 谷歌Jump全景相机

全景图像生成

为了产生 VR 头盔中看到的全景三维虚拟世界，需要将全景摄像设备捕捉到的影像或几何信息经过摄像机标定、传感器图像畸变校正、图像投影变换、匹配点选取、全景图像拼接和融合，以及亮度与颜色的均衡处理等复杂的步骤进行处理。

从理论上来说，对于空间中的任意物体点，只要它能同时为两部相机所见，就可以确定这一时刻该点在空间中的位置。所以，当相机以足够高的速率连续拍摄时，从图像序列中就可以得到该点的运动轨迹。这就是 VR 环境捕捉技术的大致原理。不过全景摄像机对于后期拼合的算法能力要求较高，目前基于 GoPro 的组合拍摄方案只能在每个摄像头上单独生成画面，需后期在 PC 上完成图像的拼合。如果有 VR 直播需求，就要求可以实时拍摄并拼合全景图像的技术，那么在图像拼合上就需要有更好的算法和能力，可以做到无缝拼接并自动生成全景视频输出。

［案例 6］

NEO 全景相机

NEO 可以捕捉至少 4K 分辨率以及每秒传输帧数达 60 以上的 360° 视频，而且能适应光线昏暗的环境。不仅如此，NEO 机身侧身

图 2-14 Jaunt VR NEO 全景相机

四周配有 16 个镜头，外加上下各 4 个镜头，能够保证拍摄的无死角同步。

除了 NEO 相机，Jaunt 也改善了重要的工作流程，让目前一些常用的后制工具能够简单和它融合，它支持包括 Avid（爱维德）、Premiere（非线性编辑器）、Final Cut Pro X（苹果视频剪辑软件）、Nuke（电影特效软件）、Tweak Software RV（后期制作重播工具）、Shotgun（制作流程生产管理软件）、Maya（三维建模和动画软件）、3Ds Max（三维动画渲染和制作软件）、After Effects（视频剪辑及设计软件）、DaVinci Resolve（达芬奇调色软件）、Assimilate's Scratch（视频电影后期制作工具）、Lustre（调光配色和色彩管理软件）等软件编辑 VR 内容。

Jaunt的硬件工程师科吉·加德纳（Koji Gardiner）说："NEO的每个环节，从高速图像感应器、广角光学到嵌入式软件，都是为了身临其境的VR而设计。NEO系统灵活有弹性，可用于开机即拍的简单拍摄，也可以全手动控制拍摄。"

［案例7］

EYE VR摄影设备

如图2-15所示，EYE是业界最专业的VR摄影设备，多头无死角，自带所需同调系统和音频采集，集成42个摄像头，形成

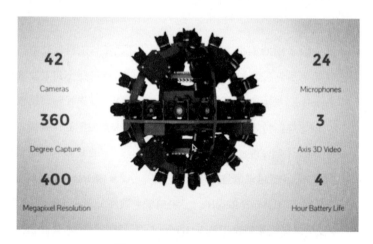

图2-15　EYE by 360 designs

360°球形视野，达到4K画质，适用于专业用户、赛事直播。它的成像效果是目前业内最好的，但设备庞大不便于运输，同时价格较高。

光场相机

VR的图像采集需要一套全新的器材，目前针对此市面上已经出现了许多解决方案，但这些方案不管是成本，还是后期可操作性和使用效果都存在瑕疵。Lytro的光场相机给VR图像采集带来一道曙光，其技术上的最大优势是可以后期选择任意对焦

图 2–16　Lytro光场相机

点，而不是传统相机的一次对焦成型，如果对焦不理想也无从修正。未来它们的野心是制作一个全套的光场拍摄解决方案，包括相机、后期编辑软件和一个播放终端App（应用软件）。光场相机的优越性在于其内部的数百个镜头和图像传感器将分为5个"层"（可以想象5个谷歌的16部GoPro相机阵列组合在一起的效果），从不同方向、角度捕捉数据。它可以一次性捕捉画面里光的所有信息，并可以在拍照后随意调整焦点。这样光场视频捕捉就可以重现场景里的所有光线，让观众在重现的场景中自由穿梭。

客户端设备

前面提到的是针对专业级的图像采集，未来，要让VR成为一个全民参与的体验，UGC（用户生产内容）和PGC（专业生产内容）的内容不应该缺席。这就需要有一套面向大众消费者的解决方案。就像现在，一个普通的手机就能拍一张清晰的图片或一段视频，这使得图像交流和视频交流渐渐成为互联网的主要信息媒介。未来VR内容的采集也应该做到这样简单，普通用户可以将商品、体验、事件VR化，形成新的信息交流介质。这种全景摄像机不需要很多个摄像头，目前主流的民用级小型全景摄像头，多采用前后两个广角镜头方案，大幅降低了硬件成本，简化了后期拼合算法的繁杂工作，不过也牺牲了画质，拍摄的视频画质不高、沉浸感较差，只适合用于网络载体传播。

声音采集

目前几乎所有人的注意力都放在如何提高画质上，鲜有人关注听觉、嗅觉、触觉如何同步生成逼真的临场感。视觉是人体获取绝大部分外界信息的途径，而以画面来欺骗大脑又是技术上最容易实现的，因此，显示器成了创业者和技术团队扎堆的领域。但是，实际上"先声夺人"依然非常重要，声音常常是我们接收信息时最前置的信号。尤其在 VR 中，不同于传统的信息摄入方式，即一次理想的信息表达，每一个元素都是有价值的，希望信息接受者全盘接受。但到了 VR 里，信息表达往往多于接受者最后接收到的信息，也就是说 VR 的创作，是大量信息的选择性摄入。而声音，在这样的情况下，就是做出选择的判断线索。

尤其是在 VR 的影视叙事中，由于镜头失去了控制属性，声音将成为导演控制观众注意力的重要工具。所以，VR 声音的解决方案，不仅是 VR 临场感必不可少的重要因素，也是实现 VR 与人心交互的重要媒介。

要讲 VR 声音就要讲一下 HRTF（head related transfer function），

即头相关变换函数。它指的是在声音通过人的耳郭、耳道、头盖骨、肩部等部位时，会使声波产生折射、绕射和衍射，这都会对声音造成一定影响。HRTF就是描述这种影响。由于HRTF的影响，人的大脑能根据经验判断出声音发出的方位和距离。

目前有两种方式来还原HRTF，一种是模拟一个人脑的结构，进行自然HRTF采集，一种是数字HRTF，即通过后期运算模拟大脑结构对声音的影响。基于此，目前声音采集方案主要分为以下两个方面。

一是4向/8向全景采集→声场还原→数字HRTF模拟→全景回放

这种方案是从多个方向采集声音信息，再通过运算还原声音方向，并以数字HRTF运算来加工为人可以感受的VR音频。这种方案的优点是采集设备体积小、便于携带，但在后期处理时，声音的损失率较高，同时还原度相对较低，难以做到完全真实。另外，由于后期运算复杂，也很难做到实时传播。

二是自然HRTF采集→声场优化→全景回放

采用自然HRTF，在声音的逼真度上较高，用户可以清楚地辨认出方位和距离；同时对后期的要求较低，基本可以做到随采随放。但它的一个缺点是体积较大，所以普通消费者使用起来会很麻烦。这一方案更适用于专业的VR影视和VR直播团队。Oculus音频技术合作商Omnia以及国内的森声科技采用的就是这种方案。

但上述方案仍然是近10年VR声音的过渡方案，未来声音技术的发展，在森声科技CEO张瑞博看来，应该是以"声卡"的形式出现，就像图像显示是通过显卡实现。什么是声卡？就是将声音转换成粒子声波数据，然后结合

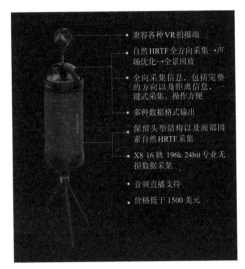

- 兼容各种VR拍摄端
- 自然HRTF全方向采集→声场优化→全景回放
- 全向采集信息，包括完整的方向以及距离信息，一键式采集，操作方便
- 多种数据格式输出
- 保留头型结构以及面部因素自然HRTF采集
- X8 16轨196k 24bit专业无损数据采集
- 音频直播支持
- 价格低于1500美元

图2-17 声音采集方案示意图

物理环境结构，在声卡里自动计算出声音信号，通过声音播放设备，还原声音的呈现效果。基于此，VR声音的采集就不需要全向采集了，只需要采集各个声源，然后扫描现场的物理环境，就可以自动在声卡中运算形成VR声音。这将增加声音的可编辑性，我们就可以像PS（图片编辑）一张照片一样，PS我们的声音了。

专访森声科技CEO张瑞博

VR音频对VR内容创作的重要性是什么?

很多人认为VR音频解决方案只是杜比音效的一个升级,是为了提升听觉体验,还有一些人认为听觉接收的信息只占所有信息的15%,所以VR音频只是补充了这15%的信息。但这其实都是对VR声音的一种误解和低估。VR声音对于VR来说意味着什么呢?

首先它是一切行为的motivation(动机),是最前置的一个感知器官,是人做出行为判断的最直接的因素。想象一下人一天的行为:从早晨开始,人就是被闹铃唤醒,过马路时,也是听到车的声音,使我们注意到危险。它是最前置的信号。

放到VR里,它将是叙事的基础。以前的影视,屏幕是故事发展的线索,所以声音只是一种完整体验的补充。但在VR里,它是多视角的,故事具有并发性,无法再依靠视觉决策注意力。这时候,声音就是导演操纵人心理的工具。

VR声音和杜比环绕音有什么区别呢？

这就需要对比传统影院需求和VR需求了。传统影院需求就是爽，所以它需要的是更夸张更戏剧性的声音表达。而VR需要的高拟真，对真实度要求高。VR是一个全景三维的环境，VR声音也是一个全景三维的呈现。声音的立体感和全景感怎么还原呢？有两个决定因素，一个是距离，一个是方向。杜比音效只能还原方向，但不能还原距离，所以它无法做到真实的呈现。VR声音通过耳机传输，虽然无法像低音炮音箱一样震撼，但它是真实的，它可以欺骗大脑。

专访时代拓灵联合创始人（原麦田守望者乐队主创）刘恩

VR声音对音乐形式的影响是什么？

过去听声音习惯了听立体声、平衡感，还有在台上台下的感觉。艺人在台上演，我们在台下听，未来年轻人可能觉得这种表达形式没有吸引力。2013、2014年时在国外有一圈人在玩这个，在现场演出时，表演者不再坐在台上，而是和观众穿插着坐在一起，可能左边一个乐手，右边一个乐手。听着声音时，感觉它从四面八方来，而你身在其中。这种效果其实通过沉浸式声音很容易就能做到。然后歌手发歌的时候，就可以发两版，一版是立体声，一版是全景声。喜欢全景声的人能够去体会和享受不同的音乐感受，他能感觉身临其境，感觉自己被音乐包围，甚至感觉自己在乐手和乐队的环绕之中，给年轻人带来新的体验。包括我们现在有的DJ（电台主持人）也在用这样的方式，是特别好玩有趣的表达方式。

VR会最终取代环绕声吗？

它是一种新的形式，会不会取代原有形式不好说。但现在年轻人对新鲜事物的接受速度常常超过我们的想象，也许很快他们就会习惯这种新的表达形式呢。

它对音乐创作有什么影响？

在VR音乐里，音源是可以拆分的，所以它对创作的影响就是，在应用乐器的时候，它不再是做成一个成品了，每次都是鸡蛋炒饭、鸡蛋炒饭，打包成一个东西，大家听久就腻了，就像吃久也腻了，需要做些花样出来。给你把盐，米饭、鸡蛋分开，随你去炒这盘饭。所以用户呢，好玩这个，可以自己做DJ，最后做出来的东西跟大家都不一样。这种形式给了听众一种灵活性。当一个创作者把一个作品发出来，听众可以基于此重新做一版，新版也许比原版还好。这种方式会成为未来的一种趋势。

那版权怎么算呢?

所以这就产生了一个问题，未来这个版权怎么算，按音轨算吗? 一轨一轨地算? 这也完全有可能。现在本身也有音效库，里面的音效也是可以卖的。未来还会出现一种情况，就是一个音乐出现好几个版本，比如一个音乐出来可能出现一个鹿晗版，一个李宇春版，甚至听众自己的版本，增加了自由度。

内容制作

VR的内容制作主要基于计算机进行视觉的静态和动态设计。静态3D图像设计主要用CG绘图和3D建模，然后通过引擎使它们生成动态形象。

CG绘图

CG（computer graphics）泛指利用计算机技术进行视觉设计和生产的过程和涉及的领域。通俗地理解，CG绘图是指设计师运用电脑软件设计、构建出虚拟的动画场景。随着以计算机为主要工具进行视觉设计和生产的相关产业的形成，CG目前被广泛应用于游戏、动漫影业、建筑行业，具体的技术领域包括影视特效、3D动画制作与3D游戏制作等。在游戏行业，开发者用CG构建出逼真的虚拟场景，勾勒出细腻的人物细节，大大提高了游戏的逼真感和玩家的沉浸感。在电影行业，《阿凡达》《冰河世纪》《怪物史莱克3》等电影团队通过CG技术描绘出美轮美奂的画面、高度仿真的环境，让观影者沉浸其中。在建筑领域，建筑师利用计算机进行建筑平面图、立面图、剖面图的设计和绘制，并且绘制出建筑效果图。

在VR内容制作过程中，生成场景的方法有两种：一种是直

接采集，用 VR 3D 数字电影摄影机把真实的场景录制下来，原理
与拍普通的电影是一样的，难度在于拍摄者不能出现在场景内，
只能在场景外指挥拍摄。另一种则是 CG 绘图写实，构建虚拟的
场景。具体采用哪种场景取决于拍摄难度和写实成本：如果动画
场景只是院子里的树木落叶了，那搭景拍摄比 CG 更廉价也更真
实；但是如果要呈现经历海啸的第一视角，CG 绘图可能更简易
可行。

电脑建模

电脑建模也称 3D 建模，通俗来说就是用电脑的三维制作软
件，通过虚拟三维空间构建出具有三维数据的模型。当平面的内
容、概念设计图绘制完成后，开发者把相关文件、参数导入建模
软件中，经过建模、制作贴图的过程，输出三维模型。

目前主流的 3D 建模软件有 Maya 和 3dsMax。其主要区别在
于 Maya 是高端的 3D 软件，操作略复杂，3dsMax 是中端软件，
易学易用，但在遇到一些高级要求时（如角色动画 / 运动学模拟）
远不如 Maya 强大。

3dsMax 的工作方向主要是建筑动画、建筑漫游及室内设计。
Maya 软件主要应用于动画片制作、电影制作、电视栏目包装、
电视广告、游戏动画制作等。3dsMax 属于普及型三维软件，很多

功能需要第三方插件辅助；Maya的基础层次更高，用户界面也比3dsMax更人性化，功能更齐全，包含了建模、粒子系统、毛发生成、植物创建、衣料仿真等。因此，Maya主要应用于影视应用研发也就不足为奇了。

VR引擎

中期的三维模型、三维场景被渲染出来后，开发工作进入最后一个步骤——程序设计。这个时候开发者需要用到VR引擎，把片段式的三维素材编写成为有故事线索和发展脉络的内容。准确来说，引擎的作用在于为开发者提供各种工具，能帮助开发者容易和快速地做出程式而不用从零开始。

目前VR使用的引擎主要基于游戏引擎。主流游戏引擎包括Unreal和Unity 3D。

Unity 3D在手游开发市场有绝对话语权，占据了超过80%的手游开发市场。Unity 3D拥有如此高的普及率，关键在于其大众化的产品特性。Unity 3D易于使用而且兼容所有游戏平台，只向开发者收费一次，开发者社区支持强大。但也正由于其使用门槛低，所以能即时调用的工具数量少，开发复杂的程序时比较麻烦。

Unreal的UE4渲染效果最好，一直是做高端EA（Electronic

Arts，美国艺电）游戏最受欢迎的引擎，占有全球商用游戏引擎80%的市场份额。UE4是顶级游戏开发商的首选，因为其有强大的引擎技术支持，开发者社区支持力度大，而且有丰富的新工具、新功能。所以，UE4的使用门槛比较高、易用性差，操作门槛也较高，在跨平台适配性上弱于Unity 3D。UE4的固定商业授权价格为99美元，在游戏收入超过5万美元之后，开发者还要支付25%的分成。

SDK

SDK即软件开发工具包（software development kit）。SDK分为软件层到硬件层的适配、内容开发时某种特定功能的集成，以及后台的优化、管理、数据分析等。我们可以把SDK理解为VR世界中的各种零配件，将它应用于不同的地方，就可以组合成不同的产品。目前SDK的开发主要包括三星、谷歌、Oculus在内的系统开发SDK，包括腾讯在内的平台开发SDK，以及许多第三方公司开发的针对特定场景的SDK，如帮助开发者跨平台适配的SDK、可以在不同应用里使用的社交SDK，以及数据收集、管理分析SDK等。

SDK的好处是提高了内容开发者的效率。对于一些共有的基础功能，通过使用SDK，免去了开发者从头开发的时间和精力，

便于他们专注于一些差异化功能和内容的开发。另外，术业有专
攻，对于游戏开发者来说，如果他们并不擅长图形畸变等算法的
开发，也不擅长数据的分析处理，那么使用第三方机构的SDK，
可以帮助他们很快完善、优化他们的产品。

开发SDK的好处在于它可以参与建立行业标准，比如当所有
内容提供商都使用同一个交互SDK时，SDK的开发商就可以定义
VR内容中交互的方式和规则了。

［案例8］

腾讯SDK

腾讯于2015年12月21日在北京主办Tencent VR开发者沙龙，
公布了腾讯VR项目进展。腾讯公布的VR SDK 1.0版本由5个功能
组件部分组成：头部姿态定位以及图像输出的渲染组件，多场景用
户交互的输入组件，在VR世界中音视频感受的音视频组件，包含
用户登录、用户信息的VR账号组件，VR环境中支付问题的支付组
件。腾讯提供的是一整套基于社交的技术解决方案，并能将它已有
的以QQ账号为核心的社交网络导入VR体系，其构建VR社交帝国
的野心可见一斑。

内容分发：一个全新的内容传输网络

全景视频的文件随着分辨率的提高快速变大。一个 60 帧的 4K 视频大约每分钟就需要消耗 1GB~10GB 的流量，一个 20 分钟的 Demo 视频，大约就要消费 100GB 的空间。而我们现有的有线/无线网络很难承载高分辨率格式下的全景视频文件传输。这直接影响消费端的实时直播和视频在线播放的用户体验。NextVR 直播时因为把视频压缩到较小体积，导致视频清晰度低，严重影响了用户体验。另外，在内容制作时，数据管理和储存也因此负担很大，占用了工作人员大量的时间和精力。解决这个问题有两种方向，一个是降低文档大小，另一个是增加传输网络带宽。但基础网络建设投入大、成本高、周期长，短时间内难以实现，所以目前要优化 VR 视频的实时传输主要靠视频编解码技术的突破。

视频编解码技术

脸谱网的工程师在 2016 年年初提出了新的视频编解码算法解决方案，即将原先的球体影像格式更改为立方体或者四棱锥体格式，由此能获得最高达 80% 的文件大小优化。在计算机图形学里，所有的图像曾经被分解为三角形来进行计算和处理。现在对于全景视频则是拆成立方体和四棱锥体。如果将球体影像转换成立方体影像来处理，文件约减少 25%；而采用四棱锥体影像的话，文件可大幅减少 80%，这意味着全景视频将会更快地进入普遍应用阶段。

CDN

CDN（Content Delivery Network）即内容分发网络。其基本思路是在网络各处放置节点服务器，以尽可能避开互联网上有可能影响数据传输速度和稳定性的瓶颈和环节。这样用户就能够实时地根据网络流量和各节点的连接、负载状况以及到用户的距离和响应时间，就近取得所需内容，解决网络拥挤的状况，提高用户访问网站的响应速度。

从目前国内的趋势来看，CDN 提供商已经投资了相当的储备以增加带宽，从而支持 VR 产业的发展。乐视、爱奇艺、优土以及迅雷已经相继宣布投入到 VR 产业中，一是加大 CDN 的建设，同时也将在早期为 VR 开发者提供免费的视频 CDN 服务。

基础网络建设

三网融合，提高网络传输速率

近年来，三网融合不断加快，广电、网络和运营商之间的合作业务也逐渐增多，尤其最近中国广播电视网络有限公司（以下简称中国广电）拿到第四张电信业务运营商牌照，将提供网络传输服务。

三网融合的好处很多。第一，实现三网跨网互通，能够增加传输路径，减少网络拥堵。网络传输时，需要经过网络协议。如同人与人之间相互交流需要遵循一定的规矩一样，计算机之间的相互通信也需要共同遵守一定的规则，这些规则就称为网络协议。每一次传输都需要经过"握手协议"验证身份，每次验证都需要寻找新的路由器。从服务器信号到家中电脑中间会经过很多路由器，路径有很多种可能，也没有一条固定线路，就像开车一样，车辆太多，大家有时候就会挤到同一条路上，出现拥堵，也就是我们通常说的网络卡顿。三网融合后，可以选择的路径就更多了，当一条通路太堵，可以跨到别的通路上，这样可以有效地提高速度，避免拥堵。

第二，可以利用广电的数字网络，大大提高下行速度。广电的数字电视网络用的是同轴电缆，信号通过光纤传输到光纤节点，再通过同轴电缆传输给有线电视网用户。用户看数字电视的时候，有一条固定的线路从电视信号发出的那一端到家中的电视端，因为所有的用户都接收一样的信号，就好像高速公路上只行驶了一辆大货车一样，虽然运输的数量一样，但没有其他信号抢占车道，道路宽度就固定了。1G 比特/秒的主干网，分到每个用户头上还是 1G 比特/秒，也不会出现卡顿现象，所以数字传输网络的下行速率几乎无限。虽然数字电视没有上传能力，但是可以联合电信运营商形成上传回路，上传速率与电信网络一致。

5G 网络

5G 网络目前还没有一个标准的解决方案，但在理论上，5G 网络未来的传输速度可接近 10G 比特/秒。2015 年 5 月，英国萨里大学甚至成功创下了在 5G 技术下实现每秒 1TB（万亿字节，1TB=1024GB）的最高传输速度。除了速度之外，5G 还能做到低延迟和高容量。它缩短了设备等待数据传输开始的响应时间，另外，它能支持高容量的数据传输，在人员聚集的区域，也不会出现现在的 4G 和 Wi-Fi 环境下人满为患的问题。5G 技术将是未来 VR 内容移动端传输分享的网络基础。

目前，三星、高通、华为都对 5G 技术的开发进行了大量投入。华为在 2015 年上海举办的世界移动通信大会上提出，2018 年年底前将致力于 5G 标准化制定，2018 年将开通 5G 试商用网络，2019 年推动产业链完善并完成互联互通测试，2020 年正式实现商用。

终端播放

观看视频是 VR 设备的一个重要用途。VR 设备需同时应对 2D、3D 和 360° 等类型的视频格式，并能获得很强的临场感和沉浸感。为此需针对 VR 设备的硬件和软件特点，开发适合的视频播放器。

VR 的播放器与动态流是 VR 内容播放器的趋势。具体说来，就是播放器里播放的画面会根据画面的运动和静态特点以及人的眼球焦点来调整清晰度，也就是基于主视场的画面进行动态投影，不观察的不投影，将画面的边缘部分弱化处理，减少 GPU 的渲染压力。目前有不少 VR 创业者致力于研发 VR 设备上的内容播放器，不过成型的具有标志性的产品不多，大多处于探索阶段。

VR 技术的未来

VR最终目的是不断提升沉浸感，欺骗大脑，让使用者的大脑误认为身处另一个世界。具体到效果层面，视觉体验、听觉体验以及交互体验是构成VR体验的三大核心体验。视觉体验包括极致的画面品质、全景画面以及3D图形。听觉体验包括对声音的品质、方向和距离的还原。而交互体验则包括全方位的动作追踪、最低的延迟以及自然的用户交互设计。这三大体验的同步配合和完美融合才能构建一个完整可信的世界。

目前，在各个环节都有各式各样的技术解决方案，各有优劣，都很难成为一种理想的标准化方案。但随着技术的成熟，VR

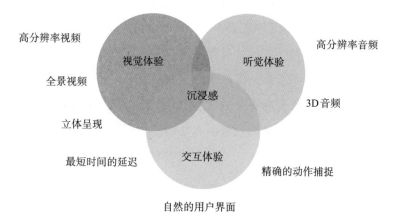

图 2-18　VR三大核心体验

第一周期的标杆产品将会出现，对应的行业标准也将形成，参与制定这些标准的企业也将从第一周期的混战中脱颖而出，成为这一波 VR 浪潮的弄潮儿。

　　但即使这些标准化产品出现，也一定不是 VR 的终极解决方案，它们将是 VR 的一种过渡方案。VR 的未来是什么？会是 AR 的介入，还是 MR 的整合体验，我们很难做出肯定的预判，但一些趋势在目前阶段已经可以初见端倪。从微观意义上来讲，VR 的技术是将互联网信息接入的世界立体化。现今互联网接入的模式还处于 2D 的平面化阶段，如手机、电脑、电视，都是基于 2D 平面图像的交互。而当 VR 时代真正到来之后，互联网接入的设备将会实现立体化、拟人化。你可以坐在家里攀登珠峰，也可以参加哈佛大学的在线课程，与全球的同学打招呼，这些都将会在不远的将来变成现实。从宏观的意义上讲，VR 技术是一种再造时空的技术，最终它的技术发展将会促使人类深入进行时空的探索，并最终改变人类对时空的理解。

第三章
无所不在的虚拟现实

真实不过是一场幻觉，只是它从未结束。

——爱因斯坦

"VR+"的魔术

VR是一种改变信息传播的技术。它改变了信息生产、传播和呈现的方式，所以在各个行业里，但凡有信息的交互，都可以通过和VR结合来提高生产效率与用户体验。

如果把VR比作一种魔术，那这种魔术产生的效果就是信息体验化、个性差异化以及打破时空限制。传统行业在应用虚拟现实技术时，就是利用了这三个魔法效果来实现行业的迭代升级。比如教育行业可以利用信息体验化来推进体验式教学，提高学习效率；同时以个体差异化教育体验的方式达到因材施教的目的；最后通过打破时空限制，更加公平合理地分配教育资源。

VR和某些特定行业结合，会产生一种新类型的产品形态，比如影视、游戏、社交、直播等，这种新的产品形态能给用户带来不同的体验，让用户愿意花更多的资源沉浸其中，从而为行业带来更大的商业价值。而对于另外一些行业例如教育、工业、医疗、零售、旅游等，VR能够深刻影响这些行业的商业模式和业务流程，有效提高生产效率、信息传播效率并优化产品体验。

无论以何种方式结合，VR都能为实体经济带来创新发展的机遇。这是一次类似于互联网的全产业革命。未来，虚拟现实技术将在我们生活工作的方方面面产生根本性的变革，谁抓住变革的先机，及时布局和投入，谁就有机会崛起并立于不败之地。

如同VR内容生产一样，具体行业的"VR+"可以分为三个维度，一是对真实世界的还原，二是对虚拟世界的创造，三是人与虚拟世界的交互。而这三个维度又根据虚拟世界和真实世界的时间差有不同的应用。影视、游戏、社交是对这三个维度的极致表达，而直播展现的就是虚拟世界和真实世界的实时同步。其他行业与VR加法都是基于这四个方向的变化和应用。

"VR+"游戏

VR游戏最重要的地方实际上是在于探索世界……当你戴上头戴设备，体验到爬上一座山峰并看到美丽景色的心情时，意义非凡。

——约翰·卡马克（John Carmack）

先锋者①

约翰·卡马克主持开发了包括《Doom》《Quake》等一系列里程碑式的游戏，是游戏界的传奇人物。卡马克本人被业内誉为 3D 引擎之父，是最早的 3D 引擎开发者、游戏内部命令行指令发明者、卡马克卷轴算法发明者和 3D 图形加速技术奠基人。这位游戏界的鼻祖目前担任 Oculus 的 CTO。

卡马克在接受《财富》杂志采访时形容第一次使用 Oculus Rift 时的体验。

"When you experience Oculus technology, it's like getting religion on contact. People that try it walk out a believer."（当你体验 Oculus 技术时，就像和宗教的一次接触，尝试过的人们都会成为它的信徒。）

2013 年，卡马克离开了他亲自创建的公司 ID Soft，加入 Oculus 担任 CTO，他在给内部员工的一封信里写道："我在现代游戏业取得了一些成就，那些时候打拼

---

① 转引自 2013 年 8 月 7 日 Oculus 日记：《约翰·卡马克作为 CTO 加入 Oculus》，载 Oculus 官方网站，https://www.oculus.com/en-us/blog/john-carmack-joins-oculus-as-cto/。

的经历现在想起来都是美好的回忆。看到 Oculus 团队早期用胶带、胶水制作 Oculus Rift 原型，再在原型的基础上重新编码的场景，勾起了我那时的记忆。现在我们处在虚拟现实技术发展的一个特别时刻，我相信未来几年内，它将带来巨大的变革。而今天在这里工作的每一个人，都是引领变革的先锋。我们正在创造的是未来整个行业的标准。虚拟现实技术还没有到达它真正成熟的时候，还有很多工作要做。我们甚至不知道我们应该去解决什么问题。但我仍然迫不及待地要着手行动，因为我知道，它带来的将是无与伦比的未来。"

卡马克作为 VR 游戏的积极推动者，说服 Minecraft（中文译名"我的世界"，是一款沙盘游戏）创始人同意 Oculus 为其开发 VR 版本。他坚信放到虚拟世界里的 Minecraft 将成为 VR 的杀手级游戏。同时为了提升 VR 的游戏体验，他还带领团队进行 VR 头显的定位追踪技术开发，以解决玩家在虚拟现实空间的位置移动模拟问题。

什么是VR游戏

这个问题似乎很好回答，VR 游戏可以用三点来解释，第一，玩家要戴上VR头盔;第二,游戏里所有元素都是全景3D视频;第三,它结合了虚拟现实的交互技术。

但这个问题又很难回答,因为现在的VR游戏基本上都是将现有的游戏模式VR化而已,并不是完全标准的VR游戏。究竟什么样的游戏最适合VR的表现方式,什么样的游戏能够将VR的特征极致地表现出来,游戏开发者们仍然在探索阶段。我们相信,未来一定会有杀手级的VR游戏出现,来定义什么是VR游戏,并制定一套行之有效的评判标准。

VR游戏的特点

3D+全景,沉浸式的视觉体验

VR最先带给使用者的是视觉冲击。通过虚拟现实技术呈现出来的游戏场景是360°并且三维立体的,我们可以完全沉浸在游戏的世界里。这种沉浸感,可以让我们感受到迎面而来的海浪,可以让我们站在山峰上俯视整个山谷,也可以让我们置身于热带丛林中。游戏的世界包围了我们,而且是如此真实,就好像带我们到达了一个新的世界。

VR游戏适合创造极端真实或者完全虚构的世界

许多人认为VR追求的是对真实的还原，但实际上对于VR游戏而言，极端拟真和完全虚构都能带来相同的沉浸感。极端拟真的场景，旨在让人获得等同于在真实世界中的体验，在某种程度上，我们在游戏中可以去实现我们在现实里没有办法实现的事情，来满足我们无法被满足的一些欲望。所以，类似于模拟人生的游戏，在VR里面可以有极致的发挥。但是要做到完全拟真并不容易，比如当你用手去碰游戏世界里的一片叶子时，如果叶子完全没有反应，你的大脑就会意识到你不是在一个真实的世界里，就像电影里的穿帮一样，沉浸感就会被打破。反而在一个完全虚构的世界里就没有这样的问题，在完全虚构的世界里，可以建立一个新的世界逻辑，当玩家适应了这个逻辑之后，就会按照这个逻辑沉浸在这个世界中，只要遵从这个逻辑，就不会出现穿帮的结果。所以有时候，虚幻的世界能创造更好的沉浸感。比如极度富有幻想感的太空对战、魔幻探险等游戏就特别适合移植到虚拟现实空间里。

VR游戏重新定义人机交互的形式，在人与虚拟世界的互动里，机器将最终隐形

传统游戏设计中的人机交互主要是通过玩家点击鼠标按键和

触控屏幕来完成，可是到了VR时代，虽然初期手柄仍然是主要的输入设备，但随着头部追踪、眼球追踪等交互技术的加入，越来越丰富的人机交互形式将得以实现。比如以前主要靠移动鼠标点击定位指令的对象，现在就只需要我们移动目光，这更符合真实世界里我们身体和外界交互的方式。未来，随着动作捕捉、手势识别、空间定位等技术的进一步成熟，也许我们将不再需要一个手柄，所有的控制和指令都由身体完成。它的终极目标是，玩家与虚拟世界的互动是直线互动，机器将成为一个隐形层。

VR里的人际互动更人性化，更需要我们真情投入

在目前的游戏里，玩家互动形式主要是通过语言、图片或者语音，但在VR游戏中，表情、动作也可以做到实时同步。多维度互动不再只是信息的交互，而是可以产生更加丰富的情绪甚至情感交互，也就是说，更能调动我们的"真情"。

VR游戏将给游戏行业带来的变化

主机游戏的复兴时代

VR和移动设备在用户使用习惯上有着根本的区别，移动设

备占用用户碎片化的时间，希望达到使用场景和现实世界的无缝切换；而VR则强调沉浸式体验，强调使用场景和现实世界的分割。VR与主机游戏、端游有着天然的贴近性，同时，VR对画面品质的极大优化和情节内容的层次丰富性也能帮助游戏提升至另一个体验层次。也正因如此，在基因上，主机游戏、端游的产品研发团队转型做VR游戏有天然优势，很多游戏从业人员也将VR游戏视为复兴行业的新契机。

引擎争霸大战

VR游戏引擎的选择主要包括Unreal（虚幻）、Unity（统一）以及近期进入市场的Crytek（尖叫引擎）。三方各有优势，形成割据市场的对峙局面。从渲染效果来看，Crytek最优，它所使用的实时光照渲染技术能够实现高水平的画面质感，但所需配置要求较高，不适用于中小开发者团队。Unreal虽然渲染效果也相对优秀，但自身易用性和平台兼容性较弱。Unity易用性很强，开发者较易上手，同时，经过几轮迭代，Unity克服了最初存在的图片质量较差的缺点，逐渐成为许多开发者的选择。

VR游戏的开发需要更高的刷新率（现在头显的刷新率基本是90帧，未来有望达到120帧）和运算效能，再加上全景视频每秒数倍于3D游戏的数据，未来引擎的发展需要充分提高运算和操作效率，否则很难满足游戏开发者的需求。从这一点来看，目前Unity的表现更让人满意。

空间利用，将刺激VR游戏的线下繁荣

VR游戏中的空间追踪技术能够让玩家将真实世界的位移反馈至游戏世界。借助这项技术，线下体验店可以将线下空间和游戏空间结合，让交互感更加真实有趣。当玩家在虚拟游戏世界中面对一堵墙时，真实世界的环境也可以根据游戏中的场景进行设计，比如设置坡度，甚至采用不同的材料质地，从而模拟虚拟环境。但是根据虚拟现实未来发展的预期，五感的虚拟是趋势，当五感的感受可以还原时，就不再需要在真实世界中构建一个虚拟世界了。

强社交将刺激游戏内购，进一步增强游戏的变现能力

VR游戏的社交性非常强，在这种拟真的社交中，人的虚荣心、攀比心和占有欲也会被激发，它们是消费动机的重要组成部分，将刺激游戏内的消费。另外，因为VR游戏中物体的高仿真性，它完全有机会与电商打通，作为一种广告模式，促进实体线下产品的销售。

游戏分发渠道的一次重新洗牌

目前VR游戏的分发平台主要以各大头显的商城为主，传统的内容分发平台也在布局VR产业，爱奇艺、新浪、腾讯、网易纷纷开始建立VR影视、游戏的分发渠道。还有新入局的玩家也想在市场早期占据先发优势，建立行业地位。未来将有一场混战展开，谁将一家独大还需拭目以待。

几款代表性的VR游戏

［案例1］

沙盘游戏——Minecraft

Minecraft本身就是一个虚拟世界。在这个世界里，游戏玩家可以构建出任何场景，例如《权力的游戏》中的君临城或临冬城，或者是《哈利·波特》中的魔法学校。它广阔的自由发散空间使玩家着迷，一度在游戏下载排名中长期占据首位。

约翰·卡马克对Minecraft的VR化功不可没，是他说服Minecraft创始人马库斯·阿列克谢·泊松（Markus Alexei Persson）和微软授权Oculus联合开发Minecraft VR版本。卡马克认为，

图 3-1　Minecraft游戏截屏

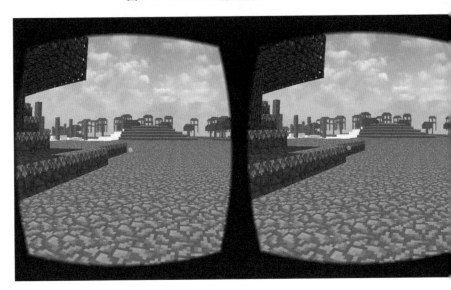

图 3-2　Minecraft游戏截屏

Minecraft能让玩家们真正感觉身临其境，而游戏带来的美妙体验甚至能让人将玩乐的过程内化为一段真实的记忆。

Minecraft的开放性和易参与性让它创造出了一种临场感，而同时值得一提的是，它的虚拟性反而增加了它的沉浸感。Minecraft团队认为虚拟现实里其实不需要用完全逼真的图像来让玩家身临其境，因为在太过写实的环境当中，如果任何一处稍有不符，玩家反而更容易出戏。

在VR版本的Minecraft里，开发者为玩家提供了建筑模式和探索模式两种截然不同的玩法。

在建筑模式里，玩家们会有一个熟悉而稳定的场景，他们会置身在一个客厅当中，客厅中央有个巨大的虚拟显示屏，两边是Minecraft特有的像素化石头。玩家可以360°环顾四周的墙壁和家具，在这个封闭的场景里开始游戏。

但进入探索模式时，那间客厅就消失了，玩家发现自己坐在了一个游乐场内，可以沿着一条砖块小路穿行，到达一间黑暗寺庙后，系统会引导玩家打开灯，灯在头顶亮起，在光线中，一个新的视野在玩家眼前展开。到了游戏末尾，玩家还会跳上一辆矿车穿过地牢内非常深的洞穴，这时还会有一种疾驰的真实感。另外，游戏还将通过"空间化的音效"（spatialized audio）让玩家根据声音来感知每个人所处的方位。

［案例2］

第一人称射击游戏——《VR实战》

北京幻视网络科技有限公司（Phantom VR）的《VR实战》是全球首届虚拟现实电竞大赛（WVA）指定的中国唯一参赛游戏。《VR实战》是一款支持多人联网的第一人称射击游戏，在游戏中，玩家将沉浸在一个世界崩坏、武力横行、各种势力割据一方的近未来时代，残存的人类面临着各种可怕的敌人。幸存的Phantom（幽灵）小队既要在恶劣的生存环境中求生，又要对抗邪恶的人类暴君、拥有人工智能的生化机器人与最可怕的僵尸。这些受到辐射后变异的僵尸强大无比，不断袭击幸存的人类据点，似乎有人在背后操纵一般。作为Phantom小队的成员，玩家的终极任务是找出在"审判日"将世界推入崩坏的幕后黑手，让世界重现生机，他们是全世界残存的人类的希望！

在游戏中，Phantom小队不仅擅长使用当代的武器（如AK47、AWP、沙鹰等），也新开发了超越现实时代、具有科幻概念的武器装备（如激光类武器、电磁装甲、激光剑等）。眼花缭乱的武器冲突、各大种族势力间的战争，共同谱写出一曲未来末世的镇魂歌。

游戏中，利用HTC Vive手柄和空间定位追踪技术，玩家可以在一个4.5×4.5平方米的小型空间里移动射击，当敌人从你身后攻击你时，你必须迅速转头给它致命一击。你还需要进入甬道巷战，并有时候蹲下来躲避子弹。而一枪暴毙敌人时，敌人的鲜血会溅在你的脸上。另外，幻视VR自己也研发了一套空间定位解决方案，可以适用于更大的空间范围，并且性价比比Vive更高。在《VR实战》中，玩家以第一人称的沉浸式视角与敌人对战，它还支持多人联机互动，玩家可以和小伙伴们一起并肩作战。

［案例3］

太空对战——EVE:Valkyrie[1]

在太空对战里，虚拟现实技术让多人比赛模式变得非常刺激，玩家的飞船会从母舰中快速弹射出来，进入前方战场。玩家可以看到炮火纷飞，激光和导弹交织形成巨大的火力网，此时会有种孤身赴死的即视感。在战斗中，玩家需要注意观察四周，因为敌军会从四面八方涌来，这时玩家就需要通过头部跟踪来锁定目标并发射武器。在游戏间隙，玩家往往会产生仿佛确实置身于史诗般的太空战役中的错觉，激光、导弹和飞船在身边交织而过。虚拟现实技术让太空里的一切都变得如在眼前一般。

---

[1] 转引自:《EVE:Valkyrie第一手印象——爽到爆的VR巨作》，载塞隆网，http://toutiao.com/a6242511214262944001/。

图 3-3　太空对战游戏截图

　　EVE就是一个优秀的例子，它是Oculus Rift的首发巨作，它的沉浸式体验做得非常好。在进入游戏后，玩家首先会看到一艘巨型太空飞船，玩家通过甲板的3D菜单进行指令输入。而输入方式则是利用眼球追踪技术。通过眼球注视不同的菜单选项（每个菜单都会用一个漂浮的全息图来呈现），玩家可以选择探索不同的游戏模式和设定。一旦确定了游戏模式和设置，就会进入一个相应的3D大厅，他的周围会有其他玩家以半圆形围坐在一起，在大厅里面甚至可以看到比赛的实时全息图。EVE场景采用Unreal 4引擎制作，其光照效果栩栩如生，物体的纹理材质也很丰富，并且游戏中的美术风格也十分统一，从虚拟身体的制服，到巨大的飞船残骸，都跟游戏环境保持一致。最重要的是，在Oculus Rift推荐的硬件上，EVE运行非常流畅。

[案例4]

RPG类游戏[①]

《柯罗诺斯》(*Chronos*)被认为是VR与传统的第三人称动作游戏结合得比较完美的作品，测评员韦斯·芬伦（Wes Fenlonz）这样评价它："在那个世界里，我不希望这种体验结束，整个游戏15小时的体验中，玩家能够探寻一个具有互动性的美丽世界并进行实战学习。这与RPG游戏《黑暗灵魂》相比有些简化，但在VR体验上，每分钟都引人入胜。在Oculus Rift推出的阵容中，这是唯一一个我认为绝对不能错过的。"

作为第三人称游戏，《柯罗诺斯》有趣的地方在于玩家与玩家的游戏角色之间的关系，它像是老式冒险游戏里的第三人称，随着

①　转引自Kelsey：《VR游戏Chronos试玩：你不是一个人在战斗》，载17173门户网站，http://news.17173.com/content/2016-05-09/20160509003000303_1.shtml。

玩家的角色在游戏场景中转换方向，玩家可以灵活地转换视角，通过手柄控制角色的行进。玩家也可以选择无视转向，自由注视天空或眺望悬崖峭壁。

《柯罗诺斯》构造了一个征伐的奇幻世界，玩家游走在阴暗的未来，穿梭于巨石嶙峋，烛火通明，有着怪兽、锻铁匠和巨龙的世界之间，一路探索着大量发光的神秘记号。游戏中有大量解谜内容，在《柯罗诺斯》中，玩家理所当然地被演绎成了两个角色，一个操控解谜的游戏主角，或是一个远远的旁观者，这样的关系有些诡异却也令人着迷，其带来的分离感与错综复杂的视觉感受，是一种全新的游戏体验。

[案例5]

成人游戏——《夏日课堂》

《夏日课堂》（*Summer Lesson*）是一款模拟扮演游戏，玩家在游戏中将扮演一名日语家教，他将与各个美丽的姑娘进行一对一浪漫授课。因为少女衣着性感，老师可以一方面假装认真授课，一方面心不在焉地仔细观察自己感兴趣的部位。《夏日课堂》虽然没有赤裸裸的色情，但却透着暧昧，能够挑逗人心。

从目前测试版来看，游戏中有两个女主角，一个是混血留学生，一个是制服女高中生，玩家可以根据个的喜好进行选择。

图 3–4 《夏日课堂》游戏截图

"VR+" 影视

未来好莱坞[1]

在洛杉矶的一栋不起眼的楼房里，有"3个小伙伴"正忙着定义好莱坞虚拟现实的未来。

---

[1] 转引自 Daniel Terdiman: *Inside "The Bunker": Twentieth Century Fox's Futuristic VR Innovation Lab*，载 Fast Company 网站，http://www.fastcompany.com/3053792/innovation-agents/inside-the-bunker-twentieth-century-foxs-futuristic-vr-innovation-lab。

　　这栋楼是福克斯工作室的 58 号楼，几间小小的办公室组成了 21 世纪福克斯创新实验室。实验室成立于 2014 年，作为探索虚拟现实等未来技术的研发中心，目前这个实验室已经完成了数部 VR 短片的尝试，包括《火星救援》的 VR 衍生版本。

　　实验室由三个小伙伴组成，他们是大卫·戈林鲍姆（David Greenbaum）——福克斯探照灯影业制作部门的执行副总裁，同时也是该实验室的主管之一；另外一位是泰德·加利亚诺（Ted Gagliano），他是福克斯后期制作总裁；奇罗维斯（Schilowitz）是最后一个加入者，他曾是高端影院摄影机制造商 Red Camera 公司的创始人之一，他加入时，福克斯是这么为他描述这个实验室的："一个奇怪项目，这个项目不需要任何道理，只有对未来的探求。"

　　近日，这间实验室里的三个小伙伴制作了《火星救援》VR 体验版本，并坚持让它成为一款付费产品，因为他们认为，任何一种媒介想要成功的话，就一定要有商业化的内容。这种内容不但需要顾客付钱，更要让他们心甘情愿地去付钱。

对三个小伙伴而言，福克斯的创新实验室能吸引人的重要之处在于"它在寻找、界定和学习VR这种新媒体的新型叙事技巧"。戈林鲍姆说："我们从来不把VR和AR仅仅看作一种营销手段。我们首先是将它们视为新艺术形式下的一种叙事手法，为此，我们花费大量时间，专注于寻找最好的创作者、剧作家和技术人员，然后与他们合作，共同创造出我们心目中的颠覆性作品。"

什么是VR影视

不同于VR游戏在基因上与传统游戏相通的特性，VR影视的出现可以说是具有颠覆性甚至是破坏性的。如果说VR游戏之于传统游戏，就像是巴洛克之于文艺复兴，那么VR影视之于传统影视，则更像是摄影之于绘画，它将建立一个全新的艺术理论和一套全新的艺术语言。

和游戏一样，VR影视将原有的二维画面变成三维，因为是360°全景图像，观众的视角从画面外变为置身于景框之中。除此之外，VR影视也会让观看体验从原来的被动观看变为一定程度上的主动参与互动。

　　由于VR影视的发展趋势渐渐趋近于游戏，许多人倾向于将VR视频叫作VR体验，它已经超越了一部电影的范畴，而是一种全新的体验。

VR电影的特点

置身其中的观影体验①

　　从希腊剧场的舞台到现在的曲屏电视和IMAX影院，娱乐不变的追求就是沉浸：把观众带进剧情里，把他们传送到一个不同的时空之中。但时至今日，沉浸的体验都是在那附近看看，始终有一个物理的距离提醒着我们，我们并不是完全置身其中的。但是，现代虚拟现实的技术改变了这种情况。

　　VR的全景视频把观众放到了故事发生的场景之中，那种感觉就好像穿越真的发生了一样。可以试想一下，当你在看《福尔摩斯》时，你不再只是观看一个遥远的伦敦故事，而是突然被传送到了案发现场。你可以像福尔摩斯一样，观察每一个线索，探究每一个细节。《星球大战》也不再只是一个外太空的想象空间，你成了银河共和国的一员，硝烟就在你身边升起。在虚拟现实的

---

①　部分观点转引自David Marlett: *The Virtual Reality of John Carmack*，载《D Magazine》，http://www.dmagazine.com/publications/d-ceo/2015/september/virtual-reality-of-john-carmack。

电影里，观众和故事之间的物理距离消失了，电影中的世界和观众本身同步存在。

导演无法再主导观众的视角

由于 VR 是全景视频，原有的用来定义观众观看内容的屏幕边框消失了，观众看什么、怎么看，将不再受导演控制。原来在一幕煽情的情节中，导演通过特写，聚焦人物的情感冲突和爆发，来调动观众的情绪，但到了 VR 电影中，观众可以自由选择，也许在演员要情绪爆发时，我们正好转头看向了别处。所以如何控制引导观众的注意力变成了对导演的一大挑战。

这类似于戏剧表演，不过在戏剧表演时，观众仍然在场景之外，他们对整个舞台有一个全面的了解，并且主要情节会占据舞台的中央。但在 VR 电影中，观众身处场景之中，而这个场景又比戏剧舞台更接近真实，并带有空间的移动，观众无法一览全局，更难界定观众观看的中心。所以 VR 电影虽然某些地方可以借鉴戏剧创作，但又不能完全照搬。

支线剧情发展

前面提到因为导演不能完全控制观众观看的内容，所以在主线剧情之外，观众也会关注到支线剧情，用简单的例子说明就是：如果是一个市集的场景，除了主要的对话之外，在集市的其他摊位上也应该有一些对话和故事发生才符合情理。这个支线剧情可能只是一种动态背景、一个有趣的小故事，或者与主线并行。

第一人称叙事，观众轻度参与[①]

一直以来，电影采用的都是第三人称的叙事手法，但通过VR技术，电影可以以第一人称的主观视角推动故事发展。再加上人机交互技术的发展，这使观众参与互动成为可能，观众将不再只是一个观看者，而是真正参与情节的发展，甚至成为故事的主角。在《火星救援》的VR体验版里，观众就会化身为沃特尼（Watney），需要完成几个任务，如移动石头、用吊车移动太阳能板、开探测车并乘火箭逃离火星。最后观众还要像电影里那样，在太空中刺破太空服以提供动力，到达救援人员的身边。但是对于传统影视导演来说，在第一人称叙事的情况下还要保证故事的丰富性也是很大的挑战。

[①]　转引自张驰：《火星救援的VR体验，让你也成为马特·"呆萌"》，载雷锋网，http://www.leiphone.com/news/201601/emvbXGUYvFWYcnvQ.html。

VR电影近期更适合短篇幅

合一集团的副总裁李捷先生认为，VR视频内容的发展将有三个阶段，15分以内短片，30分钟微电影以及长电影，长电影还得等5年。不过，其实已经有许多制作团队尤其是国外的团队开始尝试VR的长电影制作，它的到来也许会远远早于5年。但VR确实尤其适合15~30分钟的微电影，因为观众对一个环境的感知效率高于传统电影。传统电影交代一个场景，需要镜头来慢慢展开，但在VR电影里，所有场景一览无遗。相同的内容，传统电影比VR电影需要的时间更长，所以虽然VR电影变成了短片，但它承载的内容并不会减少太多。

VR的差异化体验

因为VR电影是一种筛选性观看，所以每个人看到的内容是不一样的，甚至观看的时长也会因人而异。所以VR电影的体验相对更个人化，这也对传统电影的商业模式产生了冲击。VR电影未来的分发渠道是什么，是否会有VR电影院的存在等问题都在业界都引起了很多争议。

VR电影对传统电影产业链的影响

新的艺术语言

多维线索

传统的电影创作中，镜头是叙事线索，观众通过导演镜头的视角观察故事的发展。但到了VR时代，镜头消失了，换之以全景视频，那观众探索情节发展的线索是什么呢？现在普遍的看法是：声场、光场和文字。初期，文字下达指令是最简单的方法，但因为文字出现会影响到观影时的沉浸感，所以未来不会是主流，或者在一部电影中的占比（如同旁白）会比较小。而声音和光线将被运用得更多。还有一种观点则认为在VR叙事中，线索并不那么重要，它会用"场"来讲故事，更加强调的是在一个"场"当中的体验。

多层次叙事，轻度互动

电影导演吉尔·凯南（Gil Kenan）认为，观众能够去探索影片的边界，而不仅仅是跟随一个特定的镜头，是VR电影吸引人的地方。"如果你在正确的创作道路上，叙事可以有多个层次，而单次的观看没有办法领悟全部。比如，故事里可以包含对未来事件的预示，或者一些同样精彩的支线的剧情。他将此和俄罗斯的多层次小说对比，"我试图成为荧幕时代的托尔斯泰"。故事的多层次，让故事不再只是一种叙述，而是一种探索，观众通过主观选择的视角，发现不同层次的内容，就好像在看《一代宗师》时，你或许关注的是章子怡和梁朝伟，但那些被删减掉的张震的故事也许会重新回到影片中，成为你愿意去主动探索的内容。互动是VR给电影带来的全新体验，但是目前行业内普遍倾向于认为这种互动将是轻度的，就像是戏剧表演时演员偶尔会和台下的观众互动一样，并且这种互动经过精心设计，导演是可控的。

技术和艺术的双重创新

合一集团的副总裁李捷先生说道："美国正在涌现越来越多的'混搭'公司，比如一支创始人员分别来自好莱坞影视圈和硅谷VR技术圈的团队，他们在尝试最酷的影视拍摄。"VR内容创作需要技术和艺术的双重创新，需要技术支持来实现更好的画面呈现、画面设计和交互。而技术也将反向定义艺术创作，交互技术能走到哪一步，将直接决定艺术创作时的叙事设计。

全新的制作流程

VR的全景采集对电影制作工业产生了很大的影响。它的制作难度和制作成本，受限于现有技术的不成熟，要高于传统电影。这体现在以下几个方面。

布景。必须设计搭建出一个360°的完整景观。在传统电影中，只需要把镜头里的场景搭建出来就可以了，但到了VR时代，场景的每一个细节都要符合情节的发展，这直接增加了金钱和人力的投入。

灯光布置。以前拍摄时可以在场景中增加灯光或者打板反射，但是因为全景拍摄，这些灯光器械没有办法隐藏，这就需要巧妙地将灯光融合进场景之中，或者采用自然光源。

采集设备。无论是画面采集还是声音采集，都需要全新的采集设备。这些设备价格较贵而且没有量产，同时因为技术不成熟，还需要后期再完善效果，这也给后期制作增加了许多压力。

监看。以前工作人员可以近距离地指导演员，监看拍摄，但现在导演需要离拍摄场景一定距离或者躲在道具里监看，并且监看需要现场有实时拼接的技术，如果没有，也无法实现360°的监看。

制作周期。制作VR电影的流程类似于传统电影，但由于布景、后期缝合花费的时间更长，所以制作周期也相对更长。未来，随着实时拼接和缝合技术的成熟，演员逐渐熟悉一镜到底的表演方式，减少NG（重拍）的次数，VR电影的制作周期将缩短，但仍然会长于传统电影。

制作成本。很多人问，拍摄一部VR电影会不会很贵，有些团队宣传时，动辄就是几百万几千万的投入，其实VR电影的拍摄成本虽然高于传统电影，但并不是天文数字。而且很多成本的增加都是属于产业早期的试错成本。一部两分钟的VR视频，纯制作的投入，大约十几万，一部电影级的70分钟左右的VR作品，不包括演员成本，最低可以控制在数百万，但这也取决于制作的标准。

一镜到底的表演方式

VR电影与传统电影不同，为了使电影世界尽可能接近"真实"，就要保持连贯性。如果频繁切换镜头，会十分突兀，观众会跳脱出场景。这就要求演员尽可能采用"一镜到底"的表演方式。

传输标准需要重新确定

前面技术章节提到了VR视频的文件非常大，采用现有的编解码技术和现有的网络很难进行快速传输。目前许多影视制作团队使用了自己的编解码技术，有效压缩了文件的大小，但是因为传输的制式标准没有更新，难以实现大规模的传输。未来基于VR视频的传输标准将重新建立。

重新探索的商业模式[①]

VR电影的商业模式也有待探索，按照传统电影的模式运营有诸多难处。第一，VR电影需要进入电影院，但事实上目前并没有VR电影院这类场所；第二，VR电影虽然也可以进行付费观

---

① 转引自李儒超：《国内首部VR电影：12分钟耗资近百万，回本却还待解》，载作者微信公众号：techcc，http://liruchao.baijia.baidu.com/article/240166/。

看，但由于VR用户群较小，想收回成本很难。即使未来VR设备逐渐普及，出现足够数量的VR影院和足够多的VR用户，那VR影院的存在形态、付费观看的市场规模仍旧未知。另外，衍生品的销售以及与电商结合的可能性，也是VR电影未来可能的营收来源。随着VR逐渐普及，内容的需求一定会急剧增加，有需求就有商业价值，但商业价值如何分享，还需要长时间的探索。

曾经，大家去电影院是为了感受更好的视听体验，也是一种社交休闲方式，但到了VR时代，在电影院如果只是用一个头显，和在家观看的区别不大，为什么还要来到影院？院线会被取代吗？票房营收还会成为影片的主要收入来源吗？

未来VR影院的可能形态是虚拟影院提供的穿插VR体验与传统电影叙事体验的场所，它可能有以下特点。

高端的设备，五感结合

电影院可以提供更高清晰度和还原度的设备，并结合动作捕捉、空间追踪以及五感的全方位模拟来提升观影体验。目前，一些主题公园里已有类似尝试，通过在动感座椅加入震动、风和喷水，结合VR视听效果，营造更逼真的五感体验，让观众更具沉浸感地进入情境之中。

强调小团体间的互动，如同KTV的包房

未来，不仅仅单个观众可以进入故事情境当中，而且可以和朋友、亲人一起进入。大家同处在一个小的VR影厅里，有限联网互动，共同体验故事，使观影成为一种群体体验。

一个宽敞的物理空间，适于观众在影视里的互动

未来VR电影会加入更多的互动体验，观众可以在VR环境中走动，去模拟虚拟世界的有限空间，但这在寸土寸金的中国家庭里，也许很难实现。

IP价值重新开发

对于一些传统的经典IP（泛指以知识产权为核心的娱乐内容），比如中国传统动画片以及文学名著等，都在二维影视时代取得了成功，现在通过二维影视很难再有新的突破了。但VR影视有希望重建叙事体系，可以通过新的艺术形式重新演绎IP，再次开发IP价值，并赋予它新的内容。

VR影视的尝试

[案例6]

电影衍生——《火星救援》

《火星救援》VR体验不是游戏，但有游戏的互动。内容一开始，你会置身于火星轨道，剧中的杰夫·丹尼尔斯会解释说他们刚从火

图 3-5　《火星救援》VR体验

星撤离，而沃特尼已经"牺牲"了。然后你慢慢下降，来到沃特尼身边，一切都跟你在电影里看到的一样，他醒来并站了起来。

短片共包括 5 个场景，依据剧情发展在第三人称视角和第一人称视角间切换，观看者可通过手柄在某些情节中进行交互。例如，短片播放至种土豆这一幕时，会切换到第一人称视角，你需要抓起土豆把它们扔进相应的塑料桶。完成任务后，短片切回到第三人称视角，你仍然像坐在普通的电影院里一样，看着马特·达蒙种土豆，点燃混合气体制造雨水。整个VR体验中，你需要完成几个任务，如移动石头、用吊车移动太阳能板、开探测车并乘火箭逃离火星，最后你还要像电影里那样，在太空中刺破太空服以提供动力，到达救援人员身边。

　　所以，VR电影将混淆游戏和电影的界限吗？著名导演和视效艺术家斯特罗姆伯格说，确实，目前的观众进电影院不是为了和电影内容发生互动，就是想欣赏它的叙事。当人们想要发生互动的时候，会去玩游戏。但二者正在发生融合，一个新的选项正在诞生。

［案例7］

动画片《Henry》①

　　《Henry》（《亨利》）是Oculus故事工作室的第二部VR短片，

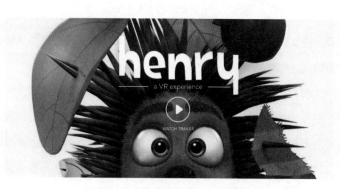

图3-6　动画片《Henry》海报

　　①　转引自Joseph Volp："*Henry"is Oculus' First, Emotional Step to Making AI Characters*，载Engadget网站，http://www.engadget.com/2015/07/29/henry-oculus-story-studio-vr/。

这部电脑模拟虚拟现实小电影讲述了一只孤独的刺猬的故事。

"人们该如何走入亨利的内心，和它建立感情纽带？这对我们来说是个大问题。所以我们想出了这样一个主意，赋予它非常显而易见的困扰：它想要拥抱别人，但身上的刺却会伤害他们。那么这就是一个感情纽带，因为所有人都想要拥有朋友。就像许多人类面临的处境一样，身上有刺并不是亨利的错，它只是生来如此，它是一只刺猬！这就像在生活中，我们会遇到一些人，他们会接受你的本来面目，你有自己的优点也有缺点。所以亨利在这里实际上传递了一个很强的同情心。"短片导演拉米罗·洛佩斯·多（Ramiro Lopez Dau）说道。

为了能和观众建立感情纽带，《亨利》团队把宝押在了一个关键性的交互场景：在剧情发展到重要时刻感情澎湃的时候，亨利会转过它大大的水灵灵的眼睛和你对视。"你可以从亨利的眼神中察觉到它内心的变化，欢乐或悲伤，都是你和亨利的感情纽带。"

专访上海美术电影厂党委负责人、动画制片人　郑虎

您觉得VR会给传统动画行业带来什么影响？

2016年是VR内容元年，在影视的发展历史上，每一次技术的发展都会带来视觉审美的变革。动画创作的

发展也与技术的发展息息相关。从电影到电视到新媒体再到虚拟现实，对于它的收视人群来说，是一种在观看体验上具有诱惑力的升级，符合艺术发展的趋势。我相信VR技术将给传统动画带来新的艺术样式，它有利于传统动画的发展，同时给传统动画在艺术和技术上的双重创新带来机遇。

您觉得VR要如何和传统动画结合呢？

我觉得这种结合一定是基于尊重原有的动画原型及故事架构和风格上的再次创新。它既有原本传统动画的一些基因，同时又具有VR属性。这种艺术创新将主要集中在感官美感、情感沉浸、音效体验几个方面。

上海美术电影厂是中国传统动画的鼻祖，是否有参与VR动画电影创作的规划呢？

我们近期将推出第一部VR长篇动画电影，是在《哪吒闹海》的基础上改编的。上海美术电影厂已经做好了迎接新技术的准备。上海美术电影厂在二维动画时代有非常强的技术积累，也创造出水墨动画、剪影动画等经典风格，传承了中国传统文化的基因。在 20 世纪 80 年代，我们创作出了非常成功的作品，比如《哪吒闹海》、《大闹天宫》等，创造了中国动画的辉煌时代，成就了中国的动画学派。在当代，新媒体兴起，VR 掀起一轮艺术革新的高潮，上海美术电影厂将利用这个新的媒介，结合它的自身基因，形成一种新的极致化、当代化的内容表达。现在中美在 VR 内容创作上处于同一起跑线，我们希望能够抓住发展的浪潮，再次创造中国动画的辉煌。

［案例 8］

真人拍摄《Help！》

短片开场是洛杉矶的夜景，泛着科技蓝光的片名出现，紧接着是一片片像导弹一样的碎片划过夜空，其中的一颗直奔街道而来，在地面撞击出大坑——外星生物要袭击地球了？不明真相的女主角捡起了一块外星碎片，结果却将大坑中的外星呆萌生物击倒，后者一怒而起变身怪兽追击女主角。

这时英勇的洛城片警男主角（《速度与激情》中的亚裔帅哥姜成镐）对怪兽射击，结果怪兽受攻击后越变越大，愈挫愈勇。男女主角不得不从街道逃到地铁，从地铁逃回街道。最后女主角意识

图 3-7　《Help！》短片截图

到外星生物的意图，以怀柔政策收服怪兽，平息了一场午夜外星
骚乱。

　　为了实现 360° 全视角拍摄，他们使用了四台摄像机并统一使
用鱼眼镜头，另外特效工作室还有一套名为 "Mill Stitch" 的技术
（接缝技术），将四台摄像机拍摄的四个不同角度的镜头完美拼接在
一起，在最终的影片中看不到任何接缝的破绽。

　　这短短 5 分钟的《Help!》(《拯救》) 除了真人和真实场景的拍
摄，还需要大量的 CG 予以加工，全部工作由 81 个人耗时 13 个月
才完成，共拍摄了 200TB 的素材，完成了 1500 万帧的渲染。观众

通过手机角度旋转来选择所看到的画面，自己在影片中寻找故事的叙述线索，但导演和主创团队会用光线、特效等元素来吸引观众的注意力，让观众看到故事真正发生的地方。

AR/MR+影视

因为AR/MR强调和现实的交互，而每个人的观影环境大相径庭，适用于家庭场景的AR/MR影视在技术上不现实。而影院如果根据每部电影重新配置影院环境，成本也较高。所以AR/MR影视将更多应用于主题公园等现实环境相对可控、内容更新相对较慢的场景。

未来的构想

未来VR电影将主要在数字影棚中制作。数字影棚结合AI（人工智能），使用人工智能机械臂，由机器人控制全景镜头，通过实时引擎生成演员的动态表演，并将通过大量后期的制作来绘制场景。

也许以后将大量使用虚拟人物替代演员，影视越来越向游戏的方向发展。

"VR+"社交

VR 社交是应运而生

2014 年，脸谱网以 20 亿美元收购Oculus，作为脸谱网对未来的一个长期大赌注，扎克伯格认为虚拟现实和增强现实在未来将成为人们日常生活的一部分，虚拟现实有潜力成为最具社交属性的平台。

"之前是PC，然后是互联网，然后是移动互联网，而VR和AR将成为下一个平台。"

在 2015 年巴塞罗那世界移动通信大会上，扎克伯格出席了三星、Oculus Gear的发布会，会上他说脸谱网已经成立了一个社交VR小组，研发如何结合脸谱网现有的社交网络在虚拟现实中创造新的社交方式。这个小组将基于Oculus和其他现有的技术进行研发，同时，也会考虑到未来可能出现的平台。

"人们真正在意的，是与他人的互动。"扎克伯格说。未来，虚拟现实技术让各种方式的连接成为可能。在世界各地的朋友能够共度好时光，就好像他们真的相聚在一起一般。"我们将生活在一个这样的世界里，无论身处何处，人们都可以分享和体验一个完整的情景，并好像真的置身其中。""未来，只要你愿意，就可以坐在篝火前，和朋友出去玩，或者在影院看电影。你可以在任何地方举行会议或者活动。这也是脸谱网在虚拟现实的早期投入精力的原因，我们希望能够很快地提供这些类型的社交体验。"

前面提到的游戏和电影创作、互动都成为虚拟现实技术相较于传统娱乐形态的突破点。互动分为人机互动和人际互动，把两者结合在一起，将改变我们未来社交的形态。

VR社交的定义

顾名思义，VR社交就是基于虚拟现实技术和网络通信技术的人际交流。它发生在虚拟现实的空间里，社交用户通过VR设备进入虚拟现实的场景中，与熟人或者陌生人交换信息，进行互动，甚至建立情感。结合虚拟现实技术打造的社交系统将在一定程度上替代目前的互联网社交系统，让网络社交变得更加立体逼真，从而成为一个平行社会。在这个社会里，人与人的关系将如同现实生活中一样，错综复杂，五味杂陈，并也同样地，千回百转，让我们牵肠挂肚，辗转反侧。

VR 社交的特点

人际交互将依托于场景社交

互联网世界的人际连接，是空间的二维线性连接，但虚拟现实的人际连接是通过一个三维的通道，将人从原有空间剥离出来，进入一个新的交互场景中。人与人之间的互动是基于这个新的交互场景。比如来到同一个虚拟演唱会、虚拟商场、虚拟度假胜地，甚至参加一场虚拟婚礼。在这个场景里，大家置身在同样的信息当中，可以观看到同样的景色、同样的商品，他们对于这些信息的反应也会实时反馈到虚拟场景中，一起大笑，评价着装，祝福新人，为偶像疯狂。在互联网社交时，我们通常会问，你在干吗呢？在虚拟现实世界里，大家说的更多的应该是，一会儿我们一起干吗呢？

这意味着虚拟现实打破了时空的限制，将人真的聚集在了一起，这种新的场景交互可以广泛应用于各个行业。

在商业上，虚拟现实技术将取代一部分商业旅行，让身处异地的人们更简单地进行协同合作。一方面是在互联网基础上，进一步提升虚拟会议的体验。另一方面，在一些互联网难以着力的领域，虚拟现实也将发挥作用。比如团队一起进行现场勘查，团队合作进行项目设计，甚至乐队的歌手身在异地但仍然进行异地演出，以及后面将会提到的远程手术等，都将因为虚拟现实的场景化社交成为可能。

[案例9]

BeanVR

BeanVR是一家主打VR社交的创业公司，其开发出了一套大型VR娱乐社交的应用。在应用里，他们创造了包含音乐选秀、动漫Cosplay、益智游戏等多个虚拟现实的主题场景。除了用360°全景三维视频呈现，还使用了立体环绕音效，玩家在使用时会感觉到自己置身现场。在这个应用里，你会有一个高度定制的"虚拟化身"，那是和你一起社交的朋友看到的你的样子。在场景中除传统的聊天、发送表情外，"虚拟化身"还可以直接实时进行动作交互，如转头、点头等，还能同步进行一些简单的手部动作。据创始人秦凯介绍，未来，BeanVR还将开发更多的主题场景，并且实现更多动作的同步。除了动作以外，还能同步表情、目光。当你朋友看向你时，他的虚拟化身，也会忽闪着他的眼睛，将目光落在你的身上。

肢体动作也将实现实时互动

根据心理学家萨莫瓦（Samova）的研究，在面对面交际时，信息的社交内容只有35%左右是语言行为，其他都是通过非语言行为（肢体语言、表情等）传递的。互联网社交时代，人们在互联网上的交流更多的是语言行为，但VR社交却能够加入肢体语言的交流。目前的VR社交软件已经能够将部分头部动作和手部动作实时同步到虚拟场景中。未来，随着技术的完善，所有的身体动作都有机会实时捕捉并反馈在虚拟场景里。于是你可以边说话边比画，在遇到喜欢的姑娘时，那些惯常的撩妹技巧，比如摸摸她的头发、过马路时护在她身旁，都可以在虚拟场景里发挥出来。人与人之间的交流变得更加准确有效，也更加亲密且人性化。

以虚拟化身出现在VR社交里，给了我们第二重身份

就像互联网社交一样，VR社交有基于真实身份的社交，也有虚拟身份的社交。但即使是基于真实身份的社交，人们也倾向于放一张更好看的照片。而大家通过朋友圈或脸谱网页面，发布文字、图片、视频，都是在塑造自己的社交形象。许多人都会感慨，身边的朋友到了朋友圈里好像活成了另外一个人。到了虚拟世界，这种差异也许将会更大。

如同在《黑客帝国》里一样，人们在那个虚拟世界里，可以有完全不同的形象。从物理形态来说，人们可以高度定制自己在虚拟现实里的形象，为他设计发型、着装、体态、高矮胖瘦。所

有女生都会变成网红吗？也许一旦外貌变得随心所欲时，人们的审美也将因此发生变化。毕竟物以稀为贵，具有个性的形象更容易让人印象深刻。在虚拟现实世界里，用户也能够拥有第二个性，这与互联网类似，只是个性的表达更多元和丰富。基于此个性，有机会建立完全不同的社交生活。另外由于虚拟现实又几乎完全逼近于真实生活，甚至长期在虚拟场景中，会把它变成"真实记忆"的一部分，也许许多人在现实生活中受到的情感挫折可以在虚拟场景中治愈。几十年前，《第二人生》这款游戏就曾给使用者创造了一个平行的世界，虽然最后没有普及，但也暗示了未来虚拟世界的一种可能性。

VR社交的社会学意义

VR社交让人与人彼此交融

"（VR）是一个新型的交流平台。透过感受真正的存在感，你将与生活中的朋友分享无限的空间和体验。想象一下，你不仅仅是和朋友们线上分享美好的时刻，而是分享所有的经历与冒险。"马克·扎克伯格如是说。

人类一直试图找到一种跨越时空的交流方式，并致力于提高它的效率，即更准确更快更广泛地传播。最初信息是通过图形和口头传播，这都有失精确，并且传播的范围有限。后来有了印刷术，让信息在传播过程中的损耗降低，并扩大了传播的范围。再后来出现了摄影摄像技术，较文字印刷提高了信息的准确性。再随着互联网技术的出现，信息传播的范围、速度得到极大的提升。而虚拟技术在互联网之后，又出现质变，信息的准确性极大提高，并有望在视觉、听觉之外，实现另外三感的传播。在互联网中，人们的互动是基于聊天，更多的是信息内容的交互，而VR社交是体验的社交，是一个丰富的感受，是时空的彼此交融。

VR社交让人人成为创造者

由于虚拟现实是基于现实生活再造的一个空间，这意味着一切线下的内容都可以平移到这个空间中，包括商业模式。互联网使人人都成为自媒体，因为它让文字、图片甚至视频的生产、传播成本几乎下降为零。而虚拟现实则将时空成本降为零，于是人人都能成为创造者。

在线下观看电影、演唱会、演出或体育比赛需要买票付费，在虚拟现实中这些同样可以收费。但是因为它的空间成本远低于线下，使得"个人经营场景"的门槛大大降低。任何人都可以在虚拟现实中给自己开辟一个舞台、房间、场馆，举办个人演出、产品发布会、私人派对，并且免费（或者收费）邀请其他人参与进来。甚至虚拟现实中将会形成基于虚拟商品的主顾关系、雇佣关系，每个人都可以在虚拟现实中生产商品，并在虚拟世界中交易。你大概会为你的虚拟化身购买一栋设计得足够好的房子、一件特别的衣服，以及和你的虚拟爱人去海边度假。不要觉得不可思议，实际上，现在的直播以及游戏里道具和装备的高价拍卖都是虚拟世界商业模式的雏形，当它们被移植到虚拟现实中后，将获得更大的发展。

VR社交技术可以颠覆人们的工作和生活方式

娱乐——VR社交游戏、VR体育直播、VR演唱会、VR购物、VR电影院等

VR的场景设置可以逼近真实场景，所以我们在线下场景中的消费也可以照搬到虚拟现实空间中。一方面，用VR场景模拟线下场景，并和电商连接，我们可以和"闺密"在虚拟世界里照样逛街、购物。另一方面，VR场景就像是我们真实生活的空间一样，我们需要让它也看上去更"宜居"，为我们的VR房间添置一些家具，为我们的VR化身购置一些衣服，甚至养一个VR小宠物。这些虚拟世界的构建也将刺激我们的消费欲望，并为此付出金钱。很早以前，腾讯所推出的QQ秀，也是基于这样的消费冲动。

在VR商业化的探索中，游戏因为其较强的变现能力，成为优先应用的VR社交娱乐应用，VR在线赛事直播、VR在线演唱会也

在逐渐尝试中，粉丝可以通过VR社交技术，身临其境般地感受现场的热烈氛围，与身边的粉丝一起响应、表达，相隔千里的情侣、朋友可以实现跨时空约会，看电影、K歌、欣赏演唱会、逛街等。

工作——VR发布会、VR商务会议等

VR社交技术，可以让人沉浸在现实生活中难以到达的，甚至是想象中的虚拟主题场景，例如埃及金字塔、大沙漠、森林、高山，甚至太空，演讲人可以正常进行PPT翻页演示、新品展示，播放音频、视频等，实现百万级用户同时在线，在千人级虚拟场景中交流互动。每一个用户都拥有自己的虚拟形象，可以进行实时语音对话以及动作、表情的表达，参加虚拟发布会的人们可以互相"面对面"地交流。

通过VR社交技术，异地办公的商务人士也可以突破传统的电话、视频会议，共同置身于同一个会议室或其他场景中，进行互动、交流。

教育——VR课堂

VR社交技术可以利用3D引擎打造的虚拟教学场景将教学手段和场景融合，从而提供立体化沉浸式的教学场景，并且通过体感和位置追踪技术设计贴近于实际生活的人机交互手段，让学习者能够通过简单的手势动作，轻松地和场景中可互动的模块完成互动。例如教学游戏和作业可以随着课程而进行，不用单独设计游戏页面；自然学科可以直接制作包含教学内容的场景；介绍海洋生物就可以直接将场景从虚拟教室切换成充满海洋生物的海底世界，让学习者沉浸到多样且可变化的教学场景中。而且VR课堂还可以结合利用高速云计算服务实现师生之间、同学之间的实时在线互动交流，比目前单单基于互联网技术的远程教育和在线教育的模式更加容易沉浸和具像化。

国内外VR社交发展现状和差异

与国内相比，国外在民用级别的VR解决方案上的起步要早2~3年。在技术方面，目前国外在软硬件方面具有一定优势，逐渐形成了良好的软硬件标准。VR社交应用采用了先进的图形算法和光学算法，适配目前主流的VR设备厂商开放的API（应用程序接口）和SDK，使得画面立体感强、延迟低，更易获得舒适流畅的沉浸式体验。如果不使用针对VR内容研发的图形算法，仍使用传统平面游戏的研发手段，会导致画面立体感的缺失，运行不够流畅且容易眩晕。而且由于移动端智能设备的计算能力比不上桌面PC端，需要在图形接口升级和算法优化上做出更大努力。国内的团队在这些方面还比较欠缺，正在努力推进研发进度。

在社交产品方面，国外有VR社交领军企业Altspace、脸谱网、Vtime等，国内比较突出的有BeanVR。目前已经有应用产品上线，以支持主流的VR头显设备，包括PC端和移动端，其中起步最早的是AltspaceVR，其产品先后登陆了Oculus、Gear VR、HTC Vive等平台，实现了多种虚拟场景，可以让身处世界各地的VR头显用户一起通过虚拟聊天室、虚拟影院、小游戏等功能场景进行交互，并且使用不同头显的用户可以进行跨平台交互活动。国内的VR发展相对起步较晚，社交应用产品大多还在研发阶段，产品的功能形态尚在探索之中。目前VR社交技术实力比较领先的BeanVR团队，主要进行VR社交系统的研发及技术应用解决方案的提供，打造跨平台多端VR设备同步的社交平台，并且已经将依托智能手机的移动端VR体验作为研发重心，有了针对移动端优化的自主的图形算法和兼容各种VR显示设备和体感输入设备的SDK接口。BeanVR将虚拟KTV、虚拟游戏室、VR卡牌对战、游戏竞技平台以及虚拟发布会、虚拟公开课等功能场景列入研发项目，并已初步实现了其中一部分场景。

在市场容量方面，国内外的VR用户基数都还较小，VR体验还不能替代目前的移动互联体验。一个重要的原因是目前的PC端VR设备生产成本高、供应链不成熟，导致售价昂贵，一货难求。VR的推广普及需要借助目前已经成熟的智能手机做跳板，利用智能手机的便携性和市场接受程度，在软硬件上做VR功能模块的扩展，提升移动端VR的体验，然后逐渐统一软硬件标准，降低用户准入门槛。

谷歌发布的基于安卓智能手机系统的Daydream虚拟现实平

台，针对智能手机做了图形优化和功能拓展模块，为手机厂商提供了适配手机的VR头戴设备的设计方案，并向内容开发商开放接口和SDK，以便更多内容的产出。谷歌此举试图打造移动端VR设备的行业标准。

适合VR体验需求的有趣玩法和实用功能是全球内容开发商都在探索的主题，市场缺乏真正吸引人且功能较完整的内容，并且短时间内不会有高时长的重度内容出现，因为其研发周期相对较长，不符合市场和用户的增长规律，所以研发周期较短且较为轻度的VR社交应用则更容易激发潜在用户的使用兴趣，占据用户碎片化的时间，逐步提高用户的使用黏度。

"VR+"事件直播

NextVR获得体育杰出贡献奖[①]

VR直播公司NextVR（沉浸式直播公司）将体育赛事、音乐会、政治辩论带入虚拟现实中。该公司与福克

[①]　转引自:《VR新秀殊荣：NextVR获得体育企业奖》，载网易科技报道，http://tech.163.com/16/0526/08/BNVRGUGM00094OE0.html。

斯体育合作了美网公开赛、拳击和大学篮球赛项目，与NBC（美国全国广播公司）合作肯塔基赛马项目，与CNN（美国有限电视新闻网）合作美国民主党辩论等。所有的努力现在有了回报，NextVR被《体育商业杂志》评为2016年度最佳体育技术公司。

2016年，体育界最有权威的《体育商业杂志》在纽约举行了一年一度的体育企业奖颁奖典礼，典礼上，NextVR和前体育企业奖得主MLBAM（美国体育类节目新媒体技术公司）以及ESPN（娱乐与体育节目电视网）被体育迷们评为技术成就的先驱。

NextVR的一位创始人大卫·科尔（David Cole）表示："我们已经开发了让粉丝们身临其境的产品。因为我们和主要体育联盟以及广播网络的紧密联系，使得我们能够创新合作并为观众提供真正独特的体育直播体验。赢得体育商业奖是对我们工作的一个最佳验证，我们为此感到自豪。"

比起游戏，VR在直播上的应用，比预期中走得更快、更广，因为它的技术门槛、付出成本都较低，带来的体验却是完全震撼的。迄今为止，体育赛事、新闻事件、现场演出都尝试了VR直播，并且将有越来越多的VR直播出现。那VR直播究竟是什么，又将给我们带来什么影响呢？

什么是VR直播

　　现在的直播很难将一个事件的全部展示出来，它都是经由导播的视角展示出来。看什么、看到什么是被决定了的。VR直播则不一样，它将整个场景完全复制到虚拟现实空间里，观众置身其中，可以自己选择观看的位置和视角，看什么和看到什么成为观众的自主选择。

VR直播的特点

真的身临其境

　　通过虚拟现实技术，直播将整个现场还原到虚拟空间中，直播的事件不再只是与我们隔着一段距离的屏幕上的动态画面，而是像来到我们的身边一般。应用在新闻报道中，将增加新闻的感染力，尤其对于灾难和战争的报道，能够激发人们的同情心。而如果应用在"明星"事件中，那种偶像就在身边的感觉，一定会让粉丝疯狂。

自由选择观看的内容

如前所述，以前的直播受导播的视角控制，观众看到的实际上是经由导播设计的画面。比如在足球比赛时，由于场地较大，常常镜头跟着球走时，就会错过场地其他地方的故事，于是需要在重播时补充一些重要的场景，比如犯规等。但在VR直播中，你可以自由选择一个角度和位置，并且可以选择自己关注的内容。比如完全为了看帅哥的伪球迷们就可以全场追随梅西的身影，而完全不用关心究竟是谁把球踢进了球门。再比如奥斯卡的直播，其实，你根本不用关心台上在说什么，你只要盯着观众席上那些大牌嘉宾们在干什么就可以了，说不定还能发现许多八卦呢。

依赖交互技术，感受现场氛围

客观记叙要解决的是技术上的瓶颈，但最后直播能不能吸引观众，还要看编导和策划能不能通过拍摄把观众更好地融入场景中，让他们感觉自己就在现场。

为什么我们通常自己听歌，顶多就是摇摇头，跟着哼两句，但到了演唱会现场，我们却会挥动手臂，大声唱歌到嗓子嘶哑，甚至会尖叫，跳起来欢呼，或者激动到落泪呢？这是因为现场有一种现场的气氛，在这种气氛的煽动下，你的情绪才能被充分调动，让你沉浸其中。而虚拟现实能做到的就是让你身临其境，沉浸其中，如同在现场一样。

在传统的直播中，导演要主导我们的情绪，则是通过不同的画面切换，来渲染情绪，比如看到舞台近景、演员特写、观众反应以及整个现场等等，这些都可以视为导演与观众的互动，让观众从多方面感受现场，感受到某种情绪。这被广泛应用于湖南卫视的综艺节目中，每个冗长而煽情的背后故事，都是为了让节目更有感染力。而在斗鱼等直播网站中，人们通过发弹幕、送花、聊天等方式实现互动，靠的是观众间的互动来烘托气氛。至于VR直播的互动方案，需要与具体的节目结合，互动设计能力将成为团队之间的竞争点，优秀的互动设计要求创作者理解用户、理解节目。

VR对直播行业的影响[①]

VR直播需要采用不同的技术方案

VR直播的流程是：全景相机→拼接合成服务器→编码上传

---

① 技术观点摘自：《珠峰VR直播最强解析，一篇文让你了解VR直播》，载大智慧网，http://www.gw.com.cn/news/news/2016/0411/200000455423.shtml。

→点播机房分发→用户收看。具体来说，全景相机采集视频数据后通过电脑或者工作站进行实时拼接，再经过编码推到机房进行分发，最后是用户通过VR头盔+手机/电脑进行观看。在这个流程中，除了全景相机和拼接环节，VR直播与传统直播并没有太多区别。

实时拼接和传输网络是实现VR直播的两大技术瓶颈[①]

和影视的全景采集一样，全景相机采集的画面需要经过拼接缝合才能形成一个360°的视频，在影视拍摄时，可以通过后期来修正拼接的问题，但是直播就需要实时拼接了。实时拼接要求用更高效的算法来确保拼接的画面自然流畅。目前普遍使用的是实时拼接算法（GoPro+Vahana），但实时拼接算法还不稳定，在拼接的接缝处容易出现裂像。

传输格式的标准需要建立

VR视频流的码率非常大，要保证传输的顺畅，要么提高编码效率，在保证品质的基础上压缩码率，要么就需要传输网络。这又带来两个难题，一个是传输速度，另一个是带宽成本。

因为VR视频流码率比传统视频大很多，一般需要3.5兆的带宽，这本身对网络就是一个挑战，目前国内的CDN厂商在全网分发一个VR直播流的时候，会因为码率过大的问题而产生抖

---

① 转引自极AR视线文章：《当直播遇到VR，能泛起多大的浪花？》，载搜狐公众平台，http://mt.sohu.com/20160418/n444763488.shtml。

动及不稳定因素，这也会影响到最后用户的体验。

带宽成本将限制VR直播的盈利能力

除了网络不稳定之外，带宽始终是一个绕不过去的大麻烦，即使对于传统的直播行业来说，这也是一个痛点。现在的主流视频直播平台之所以烧钱，并非自身没有盈利能力，很大程度上是因为被带宽成本这座大山压得喘不过气来。

对于直播的带宽成本，曾担任直播平台技术总监的张鹏告诉笔者，"在传统的视频直播行业，一万人观看就需要12G~15G左右的带宽峰值。以国内某直播平台为例，一个月内，仅游戏赛事这一项，就需要200G~400G的带宽峰值，成本在600万元左右。"而根据张鹏的推测，"基本上在相同清晰度的前提下，VR直播的带宽成本要比传统视频直播高3~6倍"。

VR直播的商业价值

VR直播在较长的一段时间内是不可能替代现场体验的（世界变化太快了，未来不能轻易下判断），无限逼真始终无法做到完全真实，但它给了无法到达比赛现场的观众一个全新的观看视角和参与方式。它在很长一段时间内将会和传统直播同时存在。应用于商业事件，它可以成为一种新的版权方式，给事件运营方增加一个收入来源；应用于新闻事件，给了新闻一种全新的呈现平台，可以吸引更多受众，增加附加的广告收入。

不过，VR直播在初期由于受网络的限制，更落地的方式是建立一个第二现场，观众买票进场，戴上VR头盔感受虚拟现场，这可以解决大面积网络传输影响观看体验的问题。

未来，VR直播的分发模式将类似于现有的互联网直播，只是因为观众参与其中的方式更多样化，所以其中的商业模式有非常大的想象空间。虽然观众可以自由选择自己的观看位置和互动方式，但也不排除限制一定的权限等级来刺激更多的付费行为，并刺激更多的消费。

VR直播最终将成为社交的一部分

这个人人皆网红的时代，直播已经成为互联网时代娱乐社交的新标杆，但现在的网红很多都是发发自拍，秀一秀PS过的照片，生态相当恶劣。VR技术将让网红更多元，大家也许秀的是攀登珠峰的体验、走进热带雨林或者非洲原始部落的经历，个人生活的体验可以通过VR直播进行更好地记录和分享。人类个体探索世界的好奇心，将因为VR技术得到满足。

可能场景

［案例10］

"VR+" 体育直播[①]

2015年10月28日，NBA（美国职业篮球联赛）常规赛揭幕，当日三场比赛，勇士大胜鹈鹕，活塞轻取老鹰，骑士憾负公牛。但这并不是新闻，新闻是：NBA第一次为赛事直播观众提供了全新体验——VR虚拟现实直播。观众只需戴上三星虚拟现实头盔Gear VR，就可以瞬移到球场，看到库里在自己面前10投7中。

NBA总裁亚当·席尔瓦说："我们的大多数粉丝从来都不会走进球场，我们的目标是通过虚拟现实技术来复制在球馆中的感受。"

这次的VR直播，幕后英雄是VR影片制片公司NextVR和体育赛事转播公司特纳体育（Turner Sports）。NextVR是一支拥有30多人的小团队，在捕捉、压缩、传输和播放虚拟现实影片上有诸多专利。虽然球迷们直到赛前一天才得到本次VR直播的消息，但准备这次直播，却花了近18个月的时间，以确定最好的技术、风格和机位。

---

① 转引自：《NBA第一次用了虚拟现实直播，直播新纪元？》，载4399手机游戏网，http://news.4399.com/gonglue/zhoubian/m/567847.html。

图 3-8　NBA 虚拟现实直播

　　体育赛事直播是一个巨大的市场，德勤报告指出，2014 年全球
体育赛事转播权交易高达 160 亿英镑。VR 技术的进场，将有机会
重新改变体育赛事直播的格局。

［案例 11］

"VR+"时尚秀①

在时尚界，能坐在秀场前排观看时装秀，是求之不得的机会，甚至被定义为特定的尊荣。但有了 VR 直播，只需戴上 VR 头盔，就可感受到以往只有明星或名流才能享受到的头排看秀的感觉。也就是说，有了 VR 直播，你就是"头排"！

2016 年 3 月 25 日，中国国际时装周（2016/2017 秋冬系列）在北京开幕。据乐视全球云直播总经理傅军透露："此次乐视全球云直播 2016 秋冬中国国际时装周，将全面采用高分辨率、宽视野、大视角等前沿 VR 专业技术，使观众可毫无阻碍地'走进'现场，浸没式观赏甚至参与时装周互动。用户可以体验身临其境的现场感。比如可以置身明星嘉宾身旁看秀，同时与共同观看的小伙伴进行互动，并投票选出心中最喜欢的模特，甚至有机会与明星嘉宾面对面探讨对时装的观点，使得活动更加颠覆和有趣。乐视全球云直播相信，如此直播技术的设计能够充分挖掘现有 VR 技术的真正价值，体现出内容的互动性，用户通过它可身临其境般地享受到 360°无死角的 VR 体验。同时，乐视先进的技术也解决了 VR 观看过程中易

———————————

① 转引自：《全球首次 VR 直播时装周，乐视迈入 VR 时代》，载 yoka 自媒体资讯，http://www.yoka.com/dna/media/topic-d470931.html。

眩晕等问题，弥补了同类产品的功能短板，使用户体验得到了优化与升级，也加速了 VR 产业升级。"

［案例 12］

"VR+" 音乐节[①]

结合 VR 技术，各种音乐节目、现场音乐会与音乐节将会给更多听众带来更好的视听感受。作为全美最受欢迎音乐节之一的科切拉音乐节今年也推出了官方 VR 应用 Coachella VR，随着 VR 技术的发展，不能前往加州参加音乐节的粉丝们现在也可以通过 VR 技术身临其境地观看直播了。用户可以在 Google Play 商店和苹果 App Store 中免费下载。它首先支持的设备是 Cardboard 兼容盒子，其后还会支持三星 Gear VR 以及桌面端的 HTC Vive 和 Oculus Rift 等 VR 设备。

Coachella VR 的推出让更多的观众可以通过前所未有的方式，远程参与到科切拉音乐节的台前幕后。而对于那些买了票的观众，音乐节主办方将会在 3 月随票赠送一个定制的 VR 头盔，使买了票的观众在活动现场获得与众不同的体验。活动结束后，通过 Coachella VR 可以欣赏到顶尖艺人沉浸式的演出视频、活动现场的 360° 全景画面等。

---

① 转引自:《科切拉音乐节推出官方VR应用，或成演唱会标配》，载雷锋网，http://www.leiphone.com/news/201603/z4a1gD46cvpoZ1hK.html。

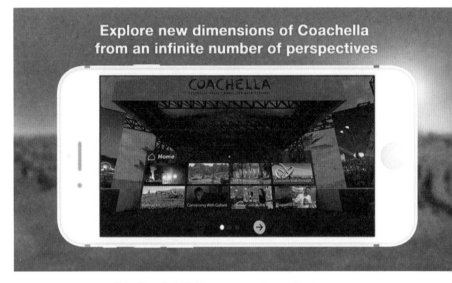

图 3-9　苹果应用商店中的 Coachella 应用下载界面

［案例 13］

"VR+" 新闻[①]

NextVR 还与 CNN 合作，通过 VR 视频流，面向全球 121 个国家直播民主党总统候选人竞选辩论。在辩论大厅将会安装 4 个特别的 VR 摄像头，两台摄像机安装在靠近提问器的旁边，使观众可看

_____

① 转引自:《CNN 使用 VR 技术直播美国民主党总统参选人辩论赛》，载 VR186 资讯网，http://www.3dinlife.com/news/hangye/902.html。

到参选者如何回应对方的问题，第三台摄像机安装在参选人站台的正后方，第四台摄像机安装在观众座位区域。CNN对这次VR新闻直播这样宣传道："房间里的每一个观众都有座位，并以新的视角观看总统竞选。"对CNN来说，这样的新闻直播形式具有里程碑式的意义，同时也有力地证明了VR技术的重要性。之前，大多数人从未尝试过这样的体验，不过现在一场成功的总统参选人辩论赛将会获得积极的报道，更大程度地推动VR技术媒介的发展。

NextVR的联合创始人大卫·科尔预计将有10万~20万人拥有自己的三星Gear VR以及适配的智能手机。如果你手里正有一台Gear VR就可下载NextVR应用（国内观众需翻墙），观看辩论直播。

这场3~4小时的辩论已经有了压缩到90分钟的精华版，现在就可以通过NextVR观看。

"VR+"购物零售

[案例 14]

淘宝"Buy +"

2016年愚人节，阿里巴巴发布了"Buy+"VR购物体验的视频，一时间激起电商传统零售、VR科技等多重领域的千层浪——在这个短视频中主人公使用"Buy＋"，身在广州的家中，戴上VR眼镜，进入VR版淘宝，可以选择去逛纽约第五大道，也可以选择去英国复古集市，身临其境地购物，到全世界去买买买。对于那些看中的商品更能随便试试试，虽然现实里的主人公一副懒散的居家状态，但却能通过虚拟现实眼镜看到试新衣服时光彩照人的样子，兴致勃勃地在沙发上摆起了造型，而家人看她戴着眼镜穿着棉睡衣扭腰拧胯，在一旁忍俊不禁。当需要购买更大件商品的时候，其便捷之处也更加明显——挑选一款沙发再也不用因为不确定沙发的尺寸而纠结。戴上VR眼镜，直接将这款沙发放在家里，尺寸颜色是否合适，一目了然。

然而，这个愚人节视频并非全是玩笑。全新购物方式"Buy＋"使用VR技术，100%还原真实场景，利用计算机图形系统和辅助传感器，生成可交互的三维购物环境。"Buy＋"将突破时间和空间的限制，你可以直接与虚拟世界中的人和物进行交互，甚至将现实生活中的场景虚拟化，成为一个可以互动的商品。

甚至，我们还能大胆推测"Buy＋"更终极的"败家"方式，在虚拟现实之后推出增强现实版本：透明的AR眼镜轻巧得和任何一副近视眼镜一样，当你的视野范围内出现了任何你感兴趣的商品，都可以通过眼镜扫描迅速搜索到该商品的详细信息，一键下单购买。比如在街上你看到擦身而过的女孩背着的红色单肩包很时尚，你就对它眨眨眼，不到一秒钟，单肩包的品牌、价格、材质与其他信息立刻呈现在你眼前，于是你大手一挥，AR眼镜立刻捕捉到你的手势指令，进行下单，还没等你回到家，迅捷的物流就已将你心仪的单肩包送到了你的家中。未来的世界很有可能是真正的"目之所及，买之所至"。

VR与购物的结合

"VR+"电商 [①]

在T-edge Summit（虚拟现实国际峰会）上，HTC VR中国总经理汪丛青提出，VR影响最大的市场并不是游戏业，而是零售业，因为这个市场的规模未来高达30亿美元。显然，零售商们，尤其是线上零售商已经意识到了VR的潜力。

电子商务在2016年到达新的高点。阿里巴巴中国零售交易市场2016财年商品交易零售总额突破3万亿元，超过全球80%以上国家的GDP，亚马逊的市值也首次超过传统零售大鳄沃尔玛。线上购物虽然繁荣，但它无法跨越的一个门槛是，人们在购买前，总是希望试一试。体验商品、试用商品，都是购物的重要过程。它既让我们的购物体验更加有趣，也能直接促进我们的消费决策。据统计，网上购物的转化率仅为2%~4%，但实体商店却能达到20%~40%。让体验成为线上交易的一部分，将更大程

---

① 转引自：《eBay推出VR虚拟现实购物应用，商品以3D呈现加购物车不用动手》，载前瞻网，http://t.qianzhan.com/int/detail/160522-a1d982b6.html。

度地释放线上交易的潜力。淘宝放出了"Buy+"视频，让消费者看到VR与购物结合的可能性，也让人们看到VR技术对购物的价值。但"Buy+"计划更像是一个未来概念，要真正实现和落地，目前技术上还不太成熟。

[案例15]

VR电商的第一次落地

美国电子商务巨头易贝（eBay）与澳大利亚百货公司迈尔（Myer）合作，推出"全球首款"虚拟现实购物应用。为了吸引澳大利亚用户使用这款应用，易贝将免费赠送2万个Google Cardboard，并将其称作"Shoptacle"。

消费者可以通过VR设备进入应用，并看到1.25万种商品，包括服装、化妆品、家用电器、电子设备等。目前排名前100的商品都完成了3D渲染，可以360°观看，未来应用中的1.25万件商品都将实现3D呈现。用户通过转动头部选择商品，盯住一款产品便可展开列表，并只需要扫一眼便可将其加入购物车，但目前还不支持在VR环境中完成交易。

eBay表示，虚拟现实将成为未来的购物渠道，他们将追踪2万个Shoptacle，并了解用户的使用方式。"我们希望深入了解用户的反应，然后将这项技术推向新的高度。"eBay营销和零售创新高级总监史蒂夫·布雷尼说，"我们非常明白这只是初步尝试，但我们认为，你现在就可以了解虚拟现实世界今后几年的发展趋势。"

除了大范围的电商VR化，VR还特别受一些特定领域电商的青睐，这些领域的特点是：低频次购买高单价的商品，如大中型家电和汽车等；服务和体验是品牌的一部分，如奢侈品；需要适配的产品，如家居和软装用品等。

"VR+"奢侈品电商

虚拟现实技术能将奢侈品的品牌体验移植到虚拟现实空间，甚至还可以通过虚拟现实空间放大这种体验。想象一下，购物者戴着VR设备，走进巴黎香榭丽舍大街上的卡地亚旗舰店里，一边试戴卡地亚的蓝气球，看它和你白皙的皮肤如何相映生辉，一边透过窗户，看凯旋门的日落余晖。你摆弄一下手腕，又被传送到百年前的巴黎，看到设计师如何设计出了这款腕表，珠宝师和钟表匠又如何精雕细琢，打磨着这块表的每一个纹路和抛光宝石的切面。奢侈品牌在电商的探索一直没有获得太大的成功，原因在于奢侈品的销售并不只是在售卖一款产品，而是在销售一种体验、一种生活方式和一种服务。比如当你去爱马仕购物时，从你走进爱马仕之家，就能看到精心设计的橱窗；走进店里，会有导购员热情迎接你，为你提供饮品；在店里，你能看到品牌的历史、尊贵的客人，还有陈列的艺术品，导购会告诉你他们为爱马仕服务时的有趣故事，会帮助你挑选商品，让你觉得自己无比尊贵。在数小时的购物体验里，你有机会聆听这个品牌的故事、理念，感受到他们产品的精致、用心。而这些是无法通过互联网传达给消费者的。消费者在网购时，买一个爱马仕的包和买一个拖把没有什么本质的区别，就是看一看图片，然后下单支付。所以许多奢侈品品牌比如香奈儿，一直没有开放它的电商平台，因为一张图片，无法让大家感受到什么是真正的"香奈儿精神"。

虚拟现实技术将信息转换成体验。消费者通过虚拟的空间可以感受到品牌文化和人性化的服务，VR不仅让消费者置身于品牌美轮美奂的殿堂中，还将消费者置身于品牌的故事中。

"VR +"汽车销售

汽车销售也是最早利用虚拟现实技术的行业之一。这一方面是因为汽车营销一向喜欢尝试新科技，以塑造勇敢开拓创新的精神；另一方面，汽车的运输库和存成本高，让消费者亲自尝试每一种他们感兴趣的车型的营销成本是非常高的。虚拟现实能用较低的成本让更多消费者真实感受产品的魅力。

从2016年第二季度开始，部分奥迪经销商会同时提供HTC

Vive 和 Oculus Rift，让用户体验 VR 购买过程。戴上 VR 眼镜，用户能以自己喜欢的方式定制奥迪提供的 52 款汽车中的任意一款。可以选择不同的颜色、不同款式和配置的车型。这些在制造商网站上以图片显示的车型，通过 VR，变成可以近距离观察和了解的真实形态。用户能够打开车门和后面的发动机箱，甚至能看到引擎真实的细节。再配上环绕立体声的耳机，还能听见虚拟场景里打开车门、发动机启动等声音。除此之外，用户还能模拟驾驶员，从驾驶员的角度环顾整个车体内部的设计。

奥迪未来还将让用户感受到车辆的行驶过程。甚至有一天，还将在虚拟情境中体验驾驶汽车。奥迪代表称："虽然想要达到上述效果仍有很长的路要走，但是从目前看来这仍是我见过的最棒的体验之一。这一体验非常实用，体验效果质量很高且充满乐趣。"

VR 对购物的影响

降低运输仓储店面成本

VR 技术节约了空间成本。生产商如果要让产品覆盖大范围的消费者，就需要在各个地方设立销售点，这不仅需要大量的展示空间和储存空间，还要产生大量的运输支出。但有了虚拟现实技术，异地的消费者可以通过 VR 头盔体验感受产品。就像互联网让一些规模化的小型商品生产商或渠道商摆脱了实体店的限制，降低了他们通过劳动致富的门槛，虚拟现实技术进一步优化了线上购物的体验，使原本重体验的商品也可以在某种程度上摆脱实体店面，以降低产品售价。

产品预订

从小米到特斯拉，商品预售模式、众筹模式已经逐渐被消费者习惯。但由于产品的研发与市场化具有非常大的不确定性，有品牌背书和高科技概念的产品目前更有希望成功预售，并且它对生产者的营销能力有很高的要求。如果市场策划不能创造一个很炫的概念，消费者就不会有很强的购买意愿。

但虚拟现实技术能让预售模式更好地推广，降低了不确定性。消费者可以通过虚拟现实技术在产品还没有生产出来时就体验到产品，并根据体验决定自己是否购买，从而进一步降低产品生产的门槛。就像互联网降低了媒体的门槛，成就了现在人人自媒体的时代，未来，人人都有机会成为产品生产者。

C2M 的定制化生产

德国发布的工业 4.0 实施建议中特别提到："工业 4.0 允许在

设计、配置、订购、规划、制造和运作等环节能够考虑到个体和客户的特殊需求，而且即使在最后阶段仍能变动。在工业 4.0 中，有可能在一次性生产且产量很低的情况下仍能获利。"也就是定制化生产将成为工业 4.0 的重要组成部分。美国的《连线》（*Wired*）创始人凯文·凯利也在《必然》一书中说道："未来所有的生产都将朝C2B（消费者对企业）方向演进。"

VR技术是实现用户定制化购买的关键技术。如果你不能确定定制化的结果，你或许更倾向于购买一件看得见摸得着的商品。但虚拟现实技术能让消费者在已有模型上根据自己的喜好提出简单的定制化要求。比如改变商品的颜色、部分外观、装饰等。比如消费者可以在Oculus虚拟商店选择一个VR头盔，定义它的颜色，并根据自己的脸型调整长宽等参数，还可以在上面加上个性化的图纹。

对于那些个人标志性很强的商品，比如服装、电子产品、家居、服装、箱包、配饰甚至电子设备等，如果可以，定制一个属于自己的独一无二的产品，是一件想想就很酷的事情。

如何采集数以亿计的商品图像并进行电脑建模是一个难点

现在淘宝店主只需要有一个手机，就可以拍摄商品，然后上传到淘宝或者天猫，但如果真的要实现虚拟购物，店主需要有一个像手机拍照一样便捷的方法快速在虚拟世界中形成 360° 三维的形体。如果还要实现试穿这样的交互行为，需要进行双向建模，除了商品之外，目标使用对象的虚拟形体也需要生成。不过现在已经有许多技术可以三维实时建模，谷歌新发布的手机也可以通过拍摄生成 3D 模型，也许阿里的"造物神"计划有机会提前来到。

[案例 16]

"Buy+"造物神

3 月 17 日，阿里巴巴宣布成立 VR 实验室，全面打造淘宝的"Buy+"项目，即通过 VR 技术打造交互式三维购物场景、发起"造物神"计划建立虚拟淘宝商品库并打通虚拟世界人与商品的互动。"Buy+"还将 100％ 还原线下购物场景，消费者可以戴着虚拟现实设备去各地商场购物。实验室启动的第一个项目是"造物神"计划，目的是联合淘宝的线上商家建立世界上最大的商品 3D 数据库，以服务虚拟世界的购物体验。要实现虚拟购物，最大的难题是如何快速把淘宝已有的近 10 亿件商品在虚拟现实的环境中 1：1 复原。据悉，目前阿里工程师已完成数百件高度精细商品的建模，未来会为商家开发相关工具，便于他们为自己的商品迅速进行批量化 3D 建模。一旦"造物神"计划成功，虚拟现实购物的体验将不再遥远。

"VR+"房地产

VR和房地产的结合主要利用了虚拟现实技术让信息体验化的特性。而据HTC估计，"VR+"房地产的行业规模将超过10亿美元。

房产项目很多时候都是一个"从无到有"的过程，它将一片空地变成生机勃勃的社区，非常需要想象力，对创作者的抽象能力要求不亚于任何一种艺术。但它又不同于艺术，创作者在创作时需要不断地与人沟通，包括设计师与开发商沟通、设计师与工程师沟通、开发商和买房者沟通等。抽象概念的沟通效率低，建立信任和认同需要耗费大量资源，所以房地产行业一直试图优化信息沟通的形式。虚拟现实的出现将为信息沟通建立新的桥梁，打破时空限制，极大地提升效率。

"VR+"城市规划

VR技术不仅能直观地表现虚拟城市环境，让人们对排水系统、供电系统、道路交通、沟渠湖泊等一目了然，还能模拟飓风、火灾、水灾、地震等自然灾害的突发情况，为相关工程建设提供可靠的参考数据，并在城市规划中起到举足轻重的作用。同时，VR技术也能很好地模拟各种天气状况下的城市，无论是空中、陆地，还是海洋、河流的交通规划模拟，VR 虚拟技术都有其得天独厚的优势。目前，城市虚拟现实应用系统已经在国内外许多城市得到成功应用，通过在 VR 系统中建立仿真城市，利用地理信息系统的数据生成三维地形模型，再利用卫星影像和航空影像作为真实的纹理对城市各模型贴图。

［案例 17］

澳大利亚的率先尝试

澳大利亚昆士兰州首府布里斯班市市长尼曼先生近期向外界发布了一套高质量的 3D 虚拟现实城市规划软件，让市民参与未来城市规划并积极扮演重要角色。随着这个虚拟现实城市规划模型的建立，公众甚至可以决定在哪里建立居民区、设置图书馆等等。市长尼曼先生介绍，结合虚拟现实技术的布里斯班城市规划系统将要对未来城市发展进行更有利的分析。对 CBD（中央商务区）与市中心规划所生成的精准的 3D 数字模型将让政府部门与市区居民更好地看到城市规划结果和分析未来发展，以便提出适用的城市规划意见。这套自主研发的 VR 城市规划软件要比直接采购城市规划的设计模型便宜很多，并且还可以起到拉动当地经济的作用。

"VR+" 房产设计

"VR+"房产设计能够将设计师的想象搬到虚拟空间中，成为一种可预览和可体验的形态。这一方面对设计师能起到辅助作用，他们能在设计过程中不断看到最后的结果，不断修正和完善，这能激发他们的灵感并节省时间。另一方面，设计师通过虚拟现实技术和客户、合作伙伴沟通，能够更准确更有说服力地传达自己的设计理念。另外，由于VR可以打破时空的特性，它还能节省差旅成本，实现异地勘测、召开会议等。

实地勘测

利用VR技术，地产项目的实地勘测会变得轻松简单。一般来说，目前的房产投资者需要投入大量时间精力对地产进行考察。在当今全球化联系日益紧密、国际合作增多的情况下，飞到地球另一端所产生的成本一直无法得到有效降低。而建筑设计师也需要亲力亲为，进行实地测算。这是一个费时费力、无法一步到位的工作，拖累了设计的速度与修改的灵活性。然而随着VR与地产结合的推进，只要戴上VR眼镜，无论是投资者还是设计师，甚至消费者，都能迅速、准确地获得所需信息，大大节省了时间与人力成本。

空间感的体验

技术和艺术的发展总是相辅相成的。建筑设计从单纯建筑外立面设计到三维立体设计再到后来不规则形态设计，得益于图像表现手法的进步。达·芬奇的立体透视图让建筑的立体感形象融合为建筑设计的一部分，之后又由于电脑绘图的出现，建筑形态可以变得更加复杂。

衡量建筑设计的维度会增加一个考核参数，就是体验。建筑的体验感在建筑设计里并不是新鲜的名词，但是在虚拟现实技术之前，它是一种抽象的表达，设计师是基于经验和想象去设计这种体验，但通过虚拟现实技术，设计师可以带上虚拟现实设备走进设计中，走进空间当中，去感受不同空间构成及环境变化对心理产生的影响，尤其对于一些讲故事的建筑，比如宗教建筑、纪念馆等至关重要。设计的空间是否能服务于建筑的目的，VR体验提供了一个更实际可靠的验证方法，在以后的建筑设计中，环境、空间、心理三者的交互会更紧密。

虚拟现实技术能提高与甲方沟通的效率

对于设计师来说，做一个好的设计稿远远不够，他还必须是一个会讲故事的人。即使有 3D 效果图、平面设计图甚至实体模型让客户参考，他们还是很难完全理解建筑师的全部思路。这一点对于现代建筑尤为突出。可直观观看的外立面倾向于简洁，建筑的核心在于内部空间的微妙处理，但是空间的体验很难通过图像和模型来全部还原，所以设计师通常会用讲故事的方法来描述建筑的体验。借助于虚拟现实技术，客户可以戴上虚拟现实设备探索建筑最后落成的样子，亲身感受建筑的故事，让决策的过程更透明、公开、准确。

多人合作，轻度参与设计

建筑设计是一个多方决策的过程。决定一个设计细节的远不止于一个设计师，需要对接的客户也远不止一方。要将这些利益相关方聚在一起开会讨论，不仅困难而且耗时耗力耗钱。基于现在的互联网交流，人际交互是平面化的，主要通过语言和文字，但描述建筑空间本来就有难度，沟通效率较低。VR社交的特性是可以基于场景互动，大家可以在不同地方戴上虚拟现实设备，走进同一个建筑里，并在建筑中对设计的细节提出自己的需求和想法，相互讨论，还可以实时更改查看效果，这极大地提高了沟通效率，并节约了时间和差旅成本。客户甚至还可以让全部员工也参与到设计项目的决策过程中，不同部门可以定制自己的空间方案，而不用给设计师增加太多难度。

[案例 18]①

美国建筑设计公司NBBJ和创业公司Visual Vocal合作共同打造一个供设计师使用的平台，通过虚拟现实技术让设计项目协同和决策过程更简单。

建筑师本身就使用3D进行设计，将3D模型应用到虚拟空间可以很自然地进行过渡。在这个虚拟空间中，设计师会给客户提供多个设计选项，客户通过身临其境感受不同的设计方案，抉择最佳选项。

我们面临着三重机遇：重新定义、升华和创新我们理解、决策、影响和共同设计的过程。虚拟现实技术打开了一个大门，使一种新型的充满活力的交互方式成为可能。

"VR+"购房

VR与房地产销售

VR样板房能够有效促进房产销售的效率。借助于虚拟现实技术，地产项目无须装修真实样板房或景观示范区，用户只需戴

① 转引自Diana Budds: *This Architecture Firm Is Turning VR Into The Next Great Productivity Tool*，载Fastcodesign网，http://www.fastcodesign.com/3059341/this-architecture-firm-is-turning-vr-into-the-next-great-productivity-tool/。

图 3-10　指挥家 VR 样板房项目截图

上虚拟现实头盔，便能走进未来建成的房间和小区里。

　　福建省泉州市有一栋正在进行施工的别墅，工人们正在进行硬装。与此同时，在厦门的售楼中心，用户戴上虚拟现实头盔能看到一栋修建完毕的房子，它南北通透，用户走上阳台便可身临其境地看到房子外的红瓦绿墙，还能看到树上刚刚吐出的新芽。在虚拟空间里，用户不仅能爬上楼梯、推开窗户，感受房屋格局和周围环境，也能更换墙纸的颜色和家具风格，甚至还能走出门外，沿着曲径通幽的小路，走到小区的健身房或者游泳池进行体验。

　　VR 样板间节省了房地产开发商修建真实样板间的建造成本

和时间成本。传统样板房装修需要数月，但虚拟样板房仅需几天，而成本低廉。同时，这项应用也是异地售房的有效工具。虚拟现实技术能将销售周期提前，缓解房地产的现金流压力。

除了促进销售之外，VR样板房还有一个好处是能够收集用户数据，用户可以在不改变承重结构的前提下定制自己的房间空间。

[案例 19]

指挥家 VRoom

VRoom交互式虚拟现实样板房是指挥家VR旗下的品牌，是2015年5月推出的第一款虚拟现实商业应用。通过将虚拟现实技术与地产行业结合，VRoom能够将未来地产楼盘超现实还原。

VRoom对地产项目的还原主要体现在三个维度，空间还原、生活还原和创意还原。

空间还原：每一套VRoom都是根据真实设计尺寸1：1还原制作而成，结合准确的日照时长和光线方向、定时的昼夜变换、真实的实拍外景，看房不再费时费力。VRoom让您优雅地体验数分钟之后，就能对房间的情况了如指掌。

生活还原：得益于Lighthouse（兆光科技）及光学定位技术，用户现在能够真实地"走进"一套虚拟现实样板房。开门、按下灯光开关、打开电视等每个动作都非常逼真。这里巧妙的动作与设计，让你感受到的不只是一个静止的空间，而是一种生活方式。

创意还原：选房的时候还在盯着那一套样板房一筹莫展吗？来VRoom里"指点一下"吧，把自己对家的想法完全表现出来。VRoom的百变工具盒可以在一个房间里塞满多种色彩的墙纸、不同风格的家具、随意搭配的户型、不同楼层的真实外景。

指挥家VR与绿地集团、万科、万达、碧桂园等地产公司的50多个地产项目展开合作，打造虚拟样板间。

"VR+"家居

家装一直是让人头疼的事情。到家居市场采购，是一件劳神费力还吃力不讨好的事情。消费者即使可以看到墙纸的图样，摸到墙纸的材质，看好了家具的样式和风格，但依旧很难判断把它们移植到新家的样子——各个摆件风格是否统一、颜色是否和谐、尺寸是否合适、格局设计是否符合光照效果等。对于消费者而言，家具、家装使用时间较长且花费较大，仅仅依靠图片很难做出最佳决策。即使淘宝等电商也都建立了线下家装体验馆，帮助消费者更好地体验产品，其效果往往也是事倍功半。借助虚拟现实技术，家装行业的销售模式将被完全改变。用户现在只需要输入户型图参数，很快就可以拥有一个虚拟的3D房间。通过将

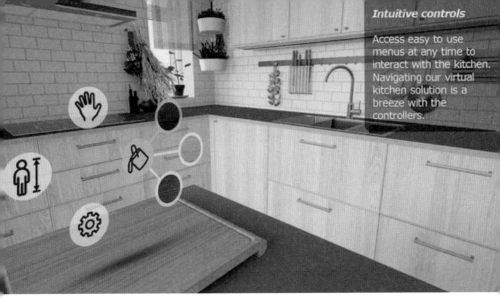

Intuitive controls

Access easy to use menus at any time to interact with the kitchen. Navigating our virtual kitchen solution is a breeze with the controllers.

图 3–11　宜家 VR 体验截图

看上去不错的家具安放于虚拟的 3D 房间，消费者可以不断尝试各类颜色、材质、尺寸、布局，并获得最佳方案。

[案例 20]

宜家 VR Experience

近期，宜家推出了一款名为 VR Experience 的应用。它使用游戏里引擎 Unreal 4，用户可以通过应用进入一个虚拟宜家厨房。使用者会发现自己独自站在一间厨房里，旁边不远处有一个孩子正在说话，此外还能听见窗外传来的鸟语和海涛声。

使用者可以打开厨房里的抽屉，查看里面的餐具和锅碗瓢盆，还能够看到一个约一面墙大小的信息板，上面显示着一家人的日常安排。此外，这还是个互动式的应用，用户可以随心改变橱柜和抽屉的颜色，决定厨房的整体风格。

归功于虚拟现实技术，用户还可以调整自己的"身高"，用他平常的视角来观察这间厨房。也就是说，不管使用者是小孩子，还是超级高个儿，都能找到自己习惯的视角。这款应用一共有三款不同的厨房供用户探索。

"VR+"旅游

[案例21]

Teleporter，一场虚拟现实的旅游①

伦敦的夜晚，你站在伦敦塔的阳台上，俯视着星光点点的城市，远处传来川流不息的车辆轰隆声，一阵微风从耳边吹过，你环顾四周，看到的是一个新兴的城市和传统城市的对峙和交融。这一切都是发生在122米高的伦敦塔上的切身经历，即使你的身体其实只是在万豪的大堂里而已。

英国制作视觉特效的公司Framestore和万豪酒店联合推出了Teleporter，让使用者体验一场虚拟现实的旅游。Teleporter是一个时光飞船那样大的电话亭，加入了4D元素：地板上嵌入空气泵创造一种

---

① 转引自骁骑：《虚拟现实有可能重构旅游行业吗？》，载36氪网，http://36kr.com/p/215558.html。

落地的感觉，墙上安装了喷雾装置，天花板上有加热鼓风机，为了让你模拟感受到伦敦塔上的物理感受，"电话亭"内温度控制在26℃，并能感到海风微拂。在亭内戴上配套的VR头显眼镜，你还能看到海雾。Teleporter 这款设备还进一步模糊了 CGI（电脑图像界面）和视频的界限，可以说是目前最优秀的 VR 设备。但是，Framestore 的创意总监伍兹（Woods）表示，人们对 VR 有很多误解，我们现在才处于 VR 技术的早期阶段，并相信在未来，虚拟体验将远比现在优越，"人们现在更像是戴着一个浮动的摄影机，还不能大范围地自由活动"。

　　其实我们对 Framestore 并不陌生，因为很多我们耳熟能详的科幻片都是 Framestore 制作的特效，如《阿凡达》、《黑暗骑士》、《哈利·波特》系列、《地心引力》等等。早在 2015 年年初，Framestore 就已经试水虚拟现实，当时他们就基于《权力的游戏》开发了《Ascend the Wall》，让你体验在里面爬绝境长城的感觉，这又何尝不是一次虚拟世界的奇幻旅游呢？也许随着VR进程的加快，全新的颠覆性旅游概念在不久的将来就会悄然而至。

"VR+"旅游营销方式

VR可以将信息体验化

　　曾经，旅游的营销靠的是文人的才情，"日照香炉生紫烟"，山海经的瑰丽想象，还有马可·波罗的游记。当然也有画作，顾恺之用水墨记录下了庐山的山水，也奠定了中国山水画的传统。后来摄影技术出现，《国家地理杂志》的记者到达世界各地，用镜头记录下不一样的世界和生活，我们的视野得以扩大。再后来有了互联网，世界的各个角落都以二维信息的方式呈现在我们面前。再后来，随着视频传输的发展，山川名胜都拍摄了宣传片来吸引游客，我们能看到水的波光、雪的融化、春天的新芽绽放，但那些都是借他人的视角，我们并不能感受到真实的体验。虚拟现实技术的出现，则让我们置身于山河海洋中，感受水的秀丽、山的巍峨、海的壮阔。你想想，当你在布满雾霾的北京寒冬，堵在东三环无法脱身时，戴上头盔，就能看到萤火虫在身边，海浪在翻滚，阳光在闪烁，你真的还能忍住消费的冲动，不来一场说走就走的旅行吗？

不仅对于景点本身，在我们选择旅游服务时，虚拟现实技术也给了我们更多的参考信息。

当你选择旅游服务时，只需要戴上头盔，进入旅游资讯的 VR 平台，你就立刻被传送到那些你有兴趣了解的地方。不知道该订哪家酒店，进入房间里看看，看看家具是否喜欢、房间的格局是否满意、窗外的风景是否赏心悦目，以及周边的环境是否安全、舒适。还有订什么飞机、选哪里的座位，走进去看看，那些腿都伸不直的廉价航空，大概真的很难让人按下购买的按钮了。而对于那些有着独特体验的地方，比如拥有私人海滩的度假俱乐部、热带雨林的探险，更容易让你恋恋不舍，恨不得亲身前往一探究竟。

高端的酒店更适合VR营销

对于快捷酒店这种标准化服务，使用VR似乎有些大材小用了。但对于高端酒店，一直苦于互联网的传播难以惟妙惟肖地描绘出它们带来的非凡体验。毕竟在灯光和PS技术下，真的难以区分一间拥有宽敞空间、中式复古装潢和一流SPA的酒店与一间干净宽敞的快捷酒店的绝对差异的。可是，当你真的到达快捷酒店入住时，你极有可能会直呼酒店富丽堂皇的艺术照蒙蔽了你。但运用虚拟现实技术，你可以走进酒店里，感受从大堂到房间穿过的回廊，在房间里检视你注意的每一个细节。这时候，一家五星级豪华酒店和普通商务酒店就能高下立显了。

[案例 22]

一早就行动的艺龙

艺龙与7家酒店合作，要做酒店的VR体验，目前的制作将和第三方合作。艺龙希望以后主要由艺龙的团队完成，为此已经专门筹建了VR实验室团队。

艺龙市场营销副总裁白志伟说:"随着科技的发展和用户需求标准的提高,以往的二维可视化展示方式显然不能完全满足用户在酒店预订时对信息获取的需求。VR技术的出现以其多维空间全景视频的展示方式,正好填补了高用户需求与现有产品展示方式之间的技术缺口,艺龙希望通过自己的努力为用户填补这个缺口,用新科技、新技术增强用户体验,让用户选得省心、订得放心。"

但目前并不是所有酒店都适合VR化,艺龙CEO江浩说:"像如家这样标准化的酒店可能不会拍,而一些有特色的酒店可能会开展VR体验。"

关于项目的具体细节,江浩说:"很多创新的东西都是需要对比的,包括VR到底怎么制作,制作什么内容,拍SPA还是拍餐饮、拍房间,哪个对用户转化率高,都要尝试。由于VR视频刚刚推出,对转化率的影响暂时没有具体的数据。"

但VR真的能提高订房转化率吗?艺龙的答案是:"能不能帮消费者在应用上提升一下体验,这才是最关键的。"

VR将产生新的旅游产品,为旅游运营商增收

更多维地体验景点

我们参观历史遗迹,是为了重温它曾经的荣光,缅怀曾经的

英雄人物、曾经的悲壮豪迈，以及曾经的人类奇迹。

但当我们真的到那里，看到的只是没落衰败，是在风雨和日晒侵蚀之后留下的痕迹。我们只能靠导游引导和景区文字介绍以及想象力在脑海中还原彼时的情景。但VR技术则可以让我们穿越回那个时代，置身于奇迹诞生的时空中，见证当年罗马众神庙封顶的时刻、烧毁圆明园的大火、柏林墙倒下的瞬间。甚至我们还可以参与其中，建筑长城，为它添砖加瓦，也可以回到远古时代，去打磨一柄青铜剑。

随着AR和MR技术的融合，当我们来到残垣断壁前，我们可以看到1：1大小的石头，体验曾经金碧辉煌的殿堂，如何历经尘世的变迁，成为眼前沧桑的模样。可以到凡尔赛宫，和太阳王一起走过浮夸的长廊，享受大臣、艺术家、诗人的吹捧和谄媚。

虚拟现实技术丰富了旅游景区的内容，让游客得以用新的方式探索体验景点，它不仅可以提升游客的旅游体验，增加了一些原本枯燥的景区的吸引力，同时也给景区的运营商增加了更多的营收项目。据悉，许多旅游景点已经开始着手尝试了。

[案例 23]

VR 重建 Buzludzha 纪念碑

为纪念 1891 年保加利亚社会民主党成立建造的 Buzludzha 纪念

图 3-12 Buzludzha 纪念碑

碑位于巴尔干山脉。由于 1989 年后，当地政府不再维护该建筑，导致纪念碑现在已变成一堆废墟。Buzludzha VR 利用虚拟现实技术重建纪念碑，观众可以戴上 Vive 头显欣赏原来建筑的恢宏壮丽。开发者使用 Unreal 4 引擎，并使用 Autodesk Maya 和 Substance Designer 进行建模和纹理绘制，在细节处理上非常逼真。Buzludzha 纪念碑的 VR 项目是为了让大众更多地关注纪念碑并且重新挖掘这一片废墟的价值。

VR 过山车，让过山车更刺激

VR 和过山车结合，能带来完全不同的体验。以前当人们坐在飞速穿梭的过山车上时，只是看到过山车的铁架而已，而和 VR 技术结合，游客可以飞行在云端、纵身于绝壁，甚至到达银河星系。

2016 年 1 月，英国索普公园（Thorpe Park）与奥尔顿塔（Alton Towers）先后宣布推出虚拟现实过山车。世界上最大的主题公园六面旗（Six Flags），也将用三星 Gear VR 设备为消费者搭建虚拟现实过山车。人们会在过山车上大战外星人，或是化身超人大战反派。这些视频是根据头盔设备上陀螺仪、加速计和各种传感器上的数据实景制作的。

但 VR 在主题公园的野心可不止于过山车，而是一个完整的虚拟现实主题公园。其中最有名的当属美国的 The VOID 了。The VOID 与玩家互动的元素包括"高度的变化、触摸到的结构和物体、震动、空气压力、冷热、潮湿，以及模拟的液体和气味感知"。

［案例 24］

The VOID

VOID 是一种影院式的虚拟现实体验，在 VOID 里，你可以感受到无限的魔法，它让你真的踏进一个全新的空间维度，并能不受限制地探索世界。你可以在外星球和外星人来一场星际大战，也可以在最黑暗的地底城里施展黑魔法。VOID 呈现的是一个已经到来的未来娱乐的形态，并给你娱乐之外更多的体验。它将虚拟现实技术和舞台搭建结合在一起，让你在想象空间里的观看、移动和空间感知完全沉浸并且完全真实。

图 3-13 The VOID 截图

VOID 的设计中同时照顾了玩家的多重生理感知：在游戏中，身体能够感觉到海拔的变化、触摸对象的材质结构，感受振动、气压、温度、潮湿、干燥、模拟的液体与气味等等。另外，VOID 技术还能使玩家感到一种错觉：他正在探索以英里记的广阔区域，或高耸入云的摩登建筑，即使他从未移动。而这也终于使得玩家的生理感受与探索虚拟世界首次得到了连接与同步。

当你穿起背心，在头上扣上头盔，你周围就能够呈现一个完美的虚拟物理空间。随着面前的一道闪光与轰隆隆的开门声，一个力量与魔法的领域就在墙的另一边。在这里，你通过发出声音、改变目光的方向，甚至只在心里产生一个想法，就能实现维度间的自由移动。你可以伸手触摸墙壁，可以坐在石凳上，从墙上拿下火把，照亮前方。如果在手里握一把虚拟的枪，你能感觉到它的重量，开火时能感到它的后坐力。你能感到吹在脸上的风、打在肩上的雨点，你能够自由地探索与感受每一条 VOID 精心设计下的路径，并不知疲倦，不愿离开。

VR 主题乐园的优势

VR 技术除了能给使用者带来震撼的体验外，在建造和运营上比传统的主题乐园也更有优势，传统实体主题乐园的搭建耗资巨大，对于开发商和运营方而言，会面临资金的压力，承担设计、建造、人力、财力等风险，而一个虚拟主题公园需要的面积相对较小，同时由于更多场景通过虚拟现实的内容呈现，物理上的实际搭建更简单，即使 CG 技术造价高昂，但由于它的可复制性，边际成本较低。虚拟现实主题公园还可以定期更换主题，不断刷新内容，能够延长生命周期。

VR 主题公园在中国也颇受追捧，房地产市场发展放缓，许多商业地产巨头将文化旅游作为下一个发展方向，与 VR 结合，新技术的噱头能够很快获得市场关注，吸引游客，并且作为未来发展的大方向，巨头们都希望占据先发优势。比如棕榈股份就园林专门设立 VR 产业基金，投资 VR 产业，并且和乐客成立合资公司专门打造大型的 VR 主题乐园。

在家的旅游体验

VR旅游可以成为真实旅游的补充

此刻如果你囿于办公室，加班到深夜，仍然还有无数的工作需要完成。你又是那么渴望感受一下自然的静谧、潺潺流水和粼粼波光，你可以戴上 VR 头盔，到九寨沟看看七彩湖。如果你想感受一下追光的心情，你也可以戴上 VR 头盔，到冰岛欣赏极光。或者，当你正在看一本梵高的自传，你也可以戴上头盔到荷兰去，站到他的真迹前，聆听他画笔的声音。

VR旅游最大化旅游景点的IP价值

将旅游 VR 化之后，旅游就不再是基于地理位置的一次消费，而成为一种日常生活中的娱乐内容，如同电影和游戏一样。一方面，对于那些接待能力有限的景点（出于环境保护、遗迹保护的原因），通过 VR 技术，能够更广泛地传播它的景色。而像博物馆这样具有反复游览价值的旅游产品，VR 化则利于游客更深入地探索和学习。许多人一生中大多数地方都只有游玩一次的机会，虚拟现实技术的出现，让我们可以多次游览，这增加了景点的利用率。这些VR旅游的体验也完全可以采取收费的方式，这无疑给景点运营商创造了一个新的商业机会。

心之所向，行之所达

VR旅游不受物理条件的影响，只要戴上VR头盔，就可以瞬间去任何一个我们想去的地方。这一方面为没有能力探索世界的人群提供了一个认识世界的方式，比如行动不便的老人和残障人士。另一方面它让大众消费者有机会去他们因为各种原因难以到达的地方，比如珠穆朗玛峰的顶峰、北极乃至外太空。

[案例25]

Space VR——世界上第一家虚拟现实太空旅游平台

Space VR的使用者能像宇航员一样去亲身体验宇宙太空。Space VR公司宣布最新规划，为了将更真实的外太空虚拟现实体验带给用户，他们决定将自己的虚拟现实拍摄设备装配到卫星上并将卫星发射上天，通过卫星上的装置回传视频。他们的目标是通过虚拟现实，让每个人都有机会去感受我们生活的这个宇宙的无边无际。

图 3–14　Space VR 截图

"VR+"教育

［案例 26］

比尔盖茨的新项目：VR 教育^①

比尔·盖茨在圣地亚哥峰会上的演讲明确表示他最近一直致

———————————

　　① 转引自：《比尔·盖茨投资 VR 内容，看好虚拟现实教育潜力》，载
VR186 网站，http://www.vr186.com/vr_news/vr_industry_news/3539.html。

力于创作他自己的虚拟现实内容。"我刚刚开始接触虚拟现实时看了几个我曾去过的难民营和发展中国家的视频。"他说，"人们将会利用 VR 创造更多的价值，通过虚拟现实人们可以环顾四周，会有真实的临场感受。""这些早期的事情"让他与 VR 有了更多接触，也鼓励他将虚拟现实用到别的地方，例如教育。"学校就是动力，"盖茨告诉人们，"如果我们可以用虚拟现实来激发人，这是非常有价值的。"

这位前微软首席执行官和创始人一直直言不讳地表示支持虚拟现实，现在他开始付诸行动，正在投入资金来支持这一行业的教育领域。盖茨认为 VR 会在教学设计和工程管理方面发挥巨大的作用。他说："虚拟现实可以让事物更吸引人，有许多地方 VR 将通过发挥实际作用来吸引人。"

尽管如此，他并不认为所有的科目都适合应用虚拟现实技术。比如数学这门学科，就不会有太大变化。"因为如果我们把它放在一个虚拟现实的框架中，会让事情变得太动画或太丰富多彩，这样会让你偏离你所关注的一些基本概念。"盖茨认为，像谷歌纸盒这样的"低端"解决方案将成为重要的选项，因为"我们不必等 10 年才能等到这些设备"。但是他强调在学校需要一些更高端的设备，同时也应在更多的地方普及这些设备。

VR 教育的特点与优势

互联网教育也许是一个伪命题，但VR的沉浸感治愈了互联网教育的致命伤

互联网的出现，抢占的是我们在碎片化时间里的注意力，比如地铁里、谈话的间隙、等电梯的片刻等等。所以互联网更强调信息的传递效率与娱乐性，于是有了许多标题党、鸡汤文。但利用碎片化时间进行深度学习就不那么适用了。在上网络课堂时，学生常常因为太容易分心，而无法像在线下课堂那样全身心投入，总是显得事倍功半。但VR的一个特点就在于它的沉浸性，它营造一个环境，让使用者全身心沉浸进去，能够充分吸引他们的注意力，这为学习者专心学习创造了条件。

VR化抽象为形象，更好理解，加深印象

VR教育能够使知识更加形象，这突破了传统教育形象的极限——图片与图表的限制。当VR技术走进教育，这时丰富多样、生动具体的事物将能够得到再现，比如在地理课上，丘陵、盆地将不再是一个个地貌名词，学生可以通过VR去走走看看，实际体验每一种地形特色。在化学课上，复杂的化学反应到底是怎样被触发的，又有几个反应过程，学生可以在 VR 的世界里，把自己缩小到分子级别，去一探究竟。而对于复杂的天体物理学，学生又可以把自己放大到星球级别，置身在银河系中，看两个行星之间的运动轨迹和由于引力变化而产生的自然现象。原本需要极强的空间想象能力的知识，通过 VR 可以具象化表达，降低了学生学习和掌握知识的难度。

VR 技术将知识型学习变成体验型学习

体验式学习是传统的知识型学习（如听、读）效率的 3~5 倍，同时它能寓教于乐，激发学生学习的动力和兴趣。但探索体验式教学的道路并不顺畅，创造体验式情境的成本很高，并且存在学生安全等潜在风险。虚拟现实技术的出现，为体验式学习的广泛应用提供了可能。学生可以在虚拟的世界中耕种农田、组装机器、解剖动物、进行化学实验，甚至还可以遨游太空。对于那些你以前绞尽脑汁也没有弄明白的电路图，你只需要像搭乐高积木一样，就可以亲自验证一个电路系统了。

VR 使教育成为真正因材施教的个人体验

"世界上没有相同的两片叶子"，每个学生的理解能力、兴

两周后能记忆   融入的天性

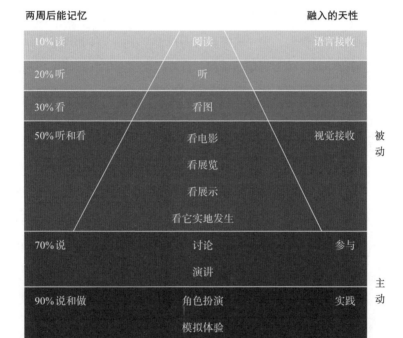

图 3–15 体验式学习的锥形模型

趣点都不相同，他们在学习过程中的节奏也有差异。在传统教育中，老师往往会把控一个平均进度，但这让学得快的学生觉得课程太简单而感到无聊，学得慢的学生则因为总是跟不上而产生强烈的挫败感，失去对学习的信心和兴趣。但VR带给教育的是一种个人化的体验，学生能够根据自己的进度来调整学习的节奏。

VR如何和教育结合

虚拟课堂与虚拟校园

互联网时代已经诞生了网络课堂，但它其实只是一个教学视频而已，并不能真正还原课堂的氛围。虚拟现实技术则可以创造一个更逼真的课堂环境，在VR课堂里，用户可以和同学互动，对相关问题进行探讨，也可以和老师互动，进行问答。老师可以走到学生身旁，看他完成作业的情况，同学之间也可以进行小组合作。当然，VR课堂也如同真实的课堂一样，有一定的规模限制，毕竟一个老师只能应付少量学生。

另一方面，虚拟校园也很具有想象空间。学生可以徜徉在虚拟的校园里，走进虚拟图书馆，参加虚拟讲座，甚至组建社团，参加学校活动，举办学生派对，认识更多的校友。现在的远程教育无法让学生感受到的校园体验，在VR技术中将不再是什么难题了。

寓教于乐的教育类游戏

一直以来，教育界都在想方设法地让学习更有趣，以激发学生学习的动力。但学习为什么会比较无趣，一是因为我们学习的知识脱离了我们的实际生活；二是因为许多知识都是被动接受，参与感较弱；三是因为许多抽象知识在理解上有一定难度。而这几点都可以通过虚拟现实技术得到改善。我们可以通过模拟类游戏仿造真实的生活场景，帮助学生学习新的语言，学生可以在场景中用外语进行购物、社交、旅游等等；还可以让学生在虚拟世界里周游世界，学习了解地理人文知识。但是即使如此，没有什么学习是不需要付出心血的，虚拟现实技术能让学习的方式更丰富，但深度思考和重复记忆，是学习无法绕过的必经之路。

[案例 27]

谷歌的开拓者项目

我们能在某个风和日丽的下午，去海底深处探险或者到火星表面眺望吗？如果你是学生，你将有这样的特权了。谷歌在 2015 年 9 月推出了开拓者项目，打造一个课堂使用的虚拟现实平台。老师可以带着学生开启一段完全沉浸的虚拟旅途，将课堂教学还原为更真实的体验。

比如在加拿大安大略湖初春的一个寒冷的早上，一群五年级的学生来到了加拉帕戈斯群岛，探索岛上的动物，并将它们归类，以此来学习达尔文的进化论。而另外一群学生在芝加哥的马里奥小学，在数学课上爬上了中国的长城，并计算了从一个烽火台爬到另一个

图 3-16　谷歌开拓者项目截图

烽火台需要花费的时间。而在加纳共和国的阿克拉，一群高中学生则来到了新加坡，为他们要写的城市经济发展论文寻找灵感。这些都是通过探索者项目实现的。全世界将有上千个学校参与到这个项目中，这些学校将获得一套探索者设备，套装里包括了所有使用这个虚拟课堂需要的工具：一个ASUS的智能手机、一个老师引导旅途时使用的平板电脑、一个路由器（保证探索者项目在没有网络连接的情况下也可以运行）、一个有上百个虚拟旅途的数据包，以及谷歌的Cardboard或者Mattel View-Masters的虚拟现实头显设备。探索者的发起团队和世界各地的老师以及内容制造者合作，创作了超过150段不同的互动旅途，让学生能够更轻松地沉浸在这种全新的体验中。

"VR+"实操性培训

对于像飞行培训、汽车驾驶培训等操作性强，但空间成本、危险系数较高的技能培训，可以用虚拟现实技术来替代一部分真实操作。或者在艺术创作中，有的创作材料成本较高，就可以先通过VR技术进行初步设计。

[案例28]

一名战机飞行员，需要一定周期的训练，才能在危险情况下做出最快的反应。要进行这方面的训练，学员的大脑就需要在一个他认为是真实的环境中。如果学员已经知道是假的，他在面对显示器时，大脑中就会有一个转换过程，无法形成条件反射。但在真实情况发生时，需要的是下意识的反应，如果无法形成条件反射，就不能快速做出正确决策。波音推出的新的模拟培训系统——固定分辨率视觉系统（CRVS），将全景的接缝处误差控制在了在万分之一英寸，这种误差视觉是分辨不出来的，一旦学员进入CRVS系统，就会真的让自己沉浸在训练中。这套CRVS系统会让认知感官保持紧张的状态来完成最基本的战斗机机动动作，包括空中加油、编队飞

图 3-17 波音飞行模拟器（固定分辨率视觉系统 CRVS）

行、夜视镜使用等，并且分辨率是恒定的，保真度和锐度也非常出色，使得 CRVS 系统的训练可以行之有效地替代一部分实际操作。

VR 对教育行业的影响

新的课程体系和教学方式

因为虚拟现实技术改变了教学信息的呈现方式，原来主要依靠文字和图片展示说明信息，现在则有了更加真实形象的3D图形和三维空间。并且学生可以自由编辑信息，并与信息互动。原有的教程体系不再适用于VR技术，原有的课本也很难照搬到虚拟空间中。如何编写适用于VR技术的课本，制定教学的进度，都是一件完全从0到1的事情。虽然"VR+教育"前景可观，但仍然需要一段时间的酝酿和尝试。

由于课本和课程体系改变，老师的教学方式也需要随之改变，老师也同样需要沉浸在虚拟空间里和学生互动。而且由于VR强调的是学生的自主探索性，老师的角色也发生改变，他不再是知识的输出方，而是一个知识世界的导游，引导学生去探索更多的知识。同时，虚拟教育强调个人化的体验，老师还需要照顾学生的不同进度，这都和传统的教育方式有很大的不同。

谷歌目前为教师提供了部分课程的内容基线，搭建起了灵活的课程目标模型供教师们填写。在生物课上，它最新的一门课程是由英国博物学家爱登堡爵士带领学生浏览大堡礁，可以用来初步介绍生态系统的发展过程；或者如果课程适用，也可用来讲述气候变化和珊瑚白化。

VR教育将继互联网之后，更深层次地推动教育平等

VR使得大家获得教育资源的机会更平等。互联网的出现让

信息资源更加容易获取，但VR的出现，则让教学体验更加公平。以前游学是贵族小孩的特权，到佛罗伦萨欣赏文艺复兴的杰作，去德国感受工业发展，去热带雨林研究植物，这些听上去都是富家子女做的事，以后只需要一个VR头盔而已。如同互联网教育一样，VR可以成为在线课堂的衍生，让全世界各地的学生都有机会和世界一流名校的学生获得一样的课堂体验，而不需要花费常春藤学校的学费。

以后也许会有一个全球大学，汇聚了世界上最好的教授，它将在全世界范围内提高教育质量。如果你没有机会进入大学，或者你在一些贫困的国家，你依然有机会走进著名学者的课堂里，获取最前沿的课堂知识。

那么以后真的会有一个全球大学吗，甚至整个的学校体系会因为VR而变革吗？仅就技术和基础设施而言，是完全有可能的，但真实的课堂教学是否有它不可替代的地方，还需要进一步研究。

重新制定专业培训的评价体系

在进行机械操作技能培训时，对在机械上的实操工时都有一定的要求。比如汽车驾驶就明确规定了练车时间。这也适用于飞行驾驶、重型机械操作等。但未来是否能将模拟操作计入

实操时间将很大程度上影响到虚拟现实技术在一些培训领域的
普及。

VR教育可以激发学生的创作灵感

罗素曾说过，现实世界有它的限制，但想象的世界是没有边
际的。

虚拟现实技术创造了一个想象的世界，它将打破传统教育的
疆域。在虚拟世界中，每个人都可以成为设计师，设计自己的衣
服、家装、建筑、车，甚至一座城市以及其他任何脑海里天马行
空的东西；每个人都可以成为神笔马良，画出想象里的世界，并
让它成为虚拟现实里真实存在的物体。乐高玩具广受欢迎的原
因，就在于它让使用者可以自己发挥想象力去搭建可能的东西，
基于此，一款叫《我的世界》的游戏也让玩家能够去建立自己的
家园。到了虚拟现实的世界里，创造的空间更广阔，也更接近真
实，并且能够和真实世界结合，在虚拟现实里可以存在的东西，
只要符合安全参数，也完全可以移植到现实生活中。

简单地说，虚拟现实降低了我们的想象力的试错成本，也给
了我们更大的空间，去验证我们的想象。

"VR+"医疗

［案例 29］

震惊世界的"换头术"①

日前，意大利神经外科医生卡纳韦罗表示，他已经准备好在 2017 年底为一位自幼患有脊髓性肌肉萎缩症的俄罗斯人进行"换头术"，这则新闻再度引起了人们对 VR 技术的广泛讨论。该手术需要 150 名包括虚拟现实工程师、医生、护士、技术员及心理学家在内的人员借助 VR 技术完成，但相关人员并没有透露 VR 技术的具体使用细节。

该手术的志愿者是一名名为瓦勒里·斯皮里多诺夫的俄罗斯计算机科学家，他自幼患有脊髓性肌肉萎缩症，天生不能像正常人一样吃饭、如厕。他表示"愿意冒这次险，这对他来说是个好机会，无论手术结果如何，都会给今后的研究提供科学基础"。

抛开换头手术带来的争论不谈，令我们感到震惊的还有另一方面——该事件在一定程度上反映了 VR 技术在医疗领域的广阔前景。即便是换头手术——人类有史以来最复杂的外科手术，VR 技术也

---

① 转引自：《活久见！除了换头术 VR 还可以治疗啥病？》，载安卓资讯网，http://news.hiapk.com/tech/57307a6e3525b.html。

有自己的用武之地！

据市场研究机构RnR近日发布的一份《虚拟现实医疗服务市场研究报告》称：2014—2019 年，全球VR医疗服务市场的复合增长率将达到 19.37%。高盛也在 2016 年的报告中预测，2020 年，VR/AR 的市场规模将达到 800 亿美元，在医疗保健领域市场达到 51 亿美元，覆盖 340 万用户。VR 的发展正紧密地牵动着医疗行业，这让我们有理由相信，"VR + 医疗"将给人类带来更多的福音。[①]

近几个世纪以来，有为数不多的领域一直在探索虚拟现实技术，医疗就是其中之一。在 PubMed（医学、生命科学领域的数据库）的数据库里，关于虚拟现实的学术文章从 2004 年的 204 篇增加到 2014 年的 720 篇，但只有非常少的技术公司将这些研究转化为实际应用。这个领域仿佛被学术占领，它的相关应用，几乎还是和 20 世纪 90 年代相仿。但现在 VR 与医疗产业的融合正在爆发，而这与医疗行业的病人中心化和医疗体验个性化的趋势一致。

----

① 转引自:《"VR+"医疗该爆发了吗》，载动脉网，http://news.bioon.com/article/6677857.html。

虚拟现实技术应用于心理治疗领域

VR技术可以作为一种辅助的医疗康复手段

VR技术能够还原情境，并以此来触发心理反应，因此适合广泛应用于心理治疗领域。通常心理医生会引导患者去回忆或者想象某个场景，但虚拟现实技术则可以设计虚拟场景，让患者沉浸其中，以达到更好的治疗效果。

比如对于创伤后遗症、障碍症、恐惧症、自闭症、恐高症、幽闭症、公开演讲恐惧症、密集恐惧症等患者来说，虚拟现实技术能够让他们在那些使自己产生障碍的场景中去探索，以克服障碍和恐惧。另外，对于抑郁症和精神分裂症等消极精神病患者，虚拟现实技术可以让患者置身于放松、美好的场景中缓解病症。

[案例 30]

治疗妄想症[①]

牛津大学的研究小组通过实验发现，VR技术可以用于治疗妄想症。研究小组通过虚拟现实技术营造一些患者会害怕的场景，例

---

① 转引自：《VR又出新用法：可治疗妄想症，超过50%的人病情好转》，载虎嗅网，http://www.huxiu.com/article/147884/1.html?f=zgczx。

如地铁站等，然后让患者与其中的虚拟角色交流，从而帮助他们克服心理障碍。共有30名患者接受了这一试验性治疗。他们通过虚拟现实设备进入虚拟场景中，并与虚拟人物互动，研究人员会指导患者应对相应场景。

第一组患者的指令是展现平日防卫行为，例如避免眼神接触。第二组患者则被鼓励降低防卫心理，并走近计算机角色（化身），与这些角色近距离站立或直视他们，以试着了解这些角色无害。实验当天的结果显示，测试抗拒恐惧的第二组患者最大限度地减少了迫害妄想的症状，在实验当天结束时，一半以上的人不再有严重的妄想症。展现防卫行为的第一组患者的妄想症也有某种程度的降低。

最终结果显示，接受治疗后，第二组病患中超过50%的人病情好转；即便是前一组被告知保持防备行为的病患中，也有大约20%的人病情得到改善。同时，许多病人回到现实生活后也不再像以往那样容易焦虑了。研究人员说，他们还需进一步的研究来观察这种效果能否长时间保持。

VR技术可以降低心理疾病患者的照顾成本

对于很多家庭来说，照顾一个有心理疾病的小孩是一个很大的负担。首先，家庭成员需要付出大量的时间陪伴他们；其次，为了有益于病情好转，需要为他们创造一个更好的环境。虚拟现实技术能够让患者沉浸在虚拟环境中，减轻照顾者的一些负担。另外，它能够虚拟出有益于患者的环境，部分替代真实环境。如此一来，对于一些轻度的心理疾病患者，他们在家就能进行康复治疗，而不用被送到昂贵的康复中心或者疗养院了。

［案例 31］

自闭症洞穴①

自闭症儿童在集中注意力以及人际交往上困难重重，波兰西里西亚工业大学的科学家们为自闭症儿童设计了一个特殊的 3D 洞穴（Cave），他们通过虚拟现实设备把孩子们传送到这个虚拟洞穴中进行康复训练。

洞穴的设计者之一，科学家彼得·沃达斯基（Piotr Wodarski）称："当一个孩子进入我们的洞穴时，一系列的运动就被激活了，光学系统会估量身体各部位所处的位置，以把物体置于手掌可以够到的位置，或者置于人的头部。"比如说，孩子们会被要求移动彩色的积木，但是是用一种比普通康复练习更加交互的方式。

虚拟现实 Cave 治疗系统的另一位设计者马雷克·格日克

---

① 转引自：《如何对抗自闭症：到 VR "Cave" 治疗系统里去》，载 87870.com，news.87870.com/xinwennr-2010.html。

（Marek Gzik）称："虽然与那些孩子交流很困难，但由于这项技术，他们可以敞开心扉，我们也因此能详尽客观地准确诊断他们的病因所在。例如，我们通过测量他们的关节活动，来判断哪种康复方法对他们最有效。"

系统的进一步完善包括提升个性化设置，以适应每个孩子的个人需求、智力和体力发展水平。

最终——也是最理想的情况——设计者们希望孩子们能够在家里用头戴设备使用这套虚拟现实系统。

沉浸于虚拟现实有助于我们忘记真实的"疼痛"

亨特·霍夫曼（Hunter Hoffman）15 年前就利用了虚拟现实技术，让烧伤的病人沉浸在一个冰天雪地的场景中，以减少疼痛，这个实验叫作"冰雪世界"（Snow World）。在虚拟现实的世界中，患者完全被吸引住，几乎感觉不到治疗过程中身体移动所带来的疼痛，甚至不知道自己是不是真的在理疗。

虚拟现实技术与手术结合

利用虚拟现实技术，医生能够将需要手术的地方 3D 还原到虚拟现实空间中，结合 3D 打印功能，模拟人体的材质（如骨骼、血管等），并在手术前预演手术流程，探索手术方案，练习手术。这样能够尝试更多的方法来确定最佳方案，同时还可以提前避免意外危险。对于一些难度较大的手术，医生可以通过提前练习来提高成功率。

[案例 32]

虚拟手术可以帮助医生找到最佳的手术方案

加利福尼亚大学洛杉矶分校的神经外科教授内尔·马丁（Neil Martin）医生通过 Surgical Theater 公司研发的技术，戴上虚拟现实头盔，观察病人大脑的内部构造。

有了这种技术，外科医生可以从多个角度近距离仔细观察大脑肿瘤，发现潜在的并发症，为高风险手术做好准备。在虚拟现实环境中，如果病人脑部有肿瘤，那么医生就可以深入了解这一肿瘤，观察肿瘤周围的情况，确定潜在风险，从而为这类极为复杂的手术做好准备。

马丁表示："虚拟现实让你能够 180°，甚至 360° 了解解剖学情况，而凭以往技术不可能做到这一点。在 10 分钟或 15 分钟的时间里，我就能看到可能会遇到的关键问题。而以往，我们可能需要 10 年甚至 20 年的经验积累。"

手术培训

虚拟仿真技术在 1962 年时就开始使用了，在过去的几十年里，虚拟现实和仿真技术一直应用在医疗培训和教育中。在医师培训中，手术模拟一直扮演着重要角色，但解剖学课程的遗体捐献数量不足，以及样本由于冷冻和防腐处理造成的变化也不利于从业者模拟真实的手术环境，是医疗培训一直以来的难题，医院也为此投入大量金钱。但在VR技术的帮助下，毕竟没有哪个病人愿意做医生的第一个手术对象。虚拟情境里可以加上受力反馈，手术医师在进行模拟手术时，不仅能在视觉上沉浸其中，还能得到物理反馈。除了手术外，虚拟现实作为医学培训和教育的解决方案，性价比也非常高。医学从业者在学习操作流程、设备使用和医患互动时，使用虚拟现实技术能够获得比传统的视频和书本学习更沉浸也更接近现实的体验。

VR直播手术，提供第一手学习资料[①]

把手术进行VR直播可以让患者家属、医学同行更好地了解

---

① 转引自:《虚拟现实技术医学领域的六种应用方式》，载VR186虚拟现实门户网站，http://www.d3dweb.com/Documents/201405/06-13282424221.html。

手术过程，缓解医患矛盾，并给医学知识的分享提供一种新的途径。

[案例33]

全球首次VR手术直播

皇家伦敦医院将成为全球首家将虚拟现实技术应用在手术直播中的医院。顶尖的癌症外科医生将直播一场结肠癌病人的手术给成千上万位学生观看，以让他们能够学习第一手手术知识。

整个过程使用两台多镜头全景摄像机拍摄，并使用360°虚拟现实播放器播放。在手术期间，医学院学生将会使用VR头戴设备在皇家伦敦医院和伦敦英国女皇玛丽大学的教室里观看直播。

手术医师艾哈迈德（Ahmed）说："我很荣幸，病人能够允许我们将他的手术过程变成这样一次无与伦比的学习机会。虚拟现实技术是医学界技术的新星，我相信通过虚拟现实和增强现实技术可以革命性地改变外科教育和训练，尤其对于发展中国家，它们很难获得皇家伦敦医院这样的资源和设备。""我很期待看到这个项目的推广，它能让医疗知识更广泛地在世界范围内传播。"

用户只需要拥有一个虚拟现实头戴设备，例如Google Cardboard

就能够观看直播，没有VR设备，也可以通过手机观看，只是没有这么好的体验效果而已。

健康管理

图 3-18　可以飞的健身器

运动健身与VR技术的结合和消费者联系更紧密，也最容易变现。它主要利用VR技术创造出一个自然环境，让健身房变得更有趣，用户可以在健身房里攀爬珠穆朗玛峰，可以在动感单车课上骑行青岛湖，还能在锻炼腹肌时感受到飞翔。

[案例 34]

可以飞的健身器

图 3-18 中的健身器 Icaros 由 HYVE Innovation Design 公司主导设计，虽然外观看起来像是一个折磨人的变态机器，但它其实只是一个正常工作的体育器材，使用者大可放心地把肘部和膝盖放在支架上，跪在 Icaros 上面，然后抓紧把手。

这个无线的游戏设备包括了一个手把安装控制部件，它负责控制轨道运动和连接 PC、手机上游戏的运行。戴上 Oculus Rift 和三星 Gear VR 头显，你就被传送到了数字世界，可以飞，也可以浮动自如。Icaros 可以让你的腿和胳膊向一边滑动，向前向后倾斜，从这一侧滚动到另一侧，控制你在游戏中的动作和整个运动的过程。而环境与人的交流则体现在，当画面走向上坡的时候增加骑行阻力，阻力力度随坡度相应改变，最大功率下能模拟 80 公斤在 15°坡上骑行的阻力。

"VR+"工业

[案例 35]

VR 帮助 NASA 训练太空机器人 [①]

美国国家航空和宇宙航行局（NASA）已与索尼公司合作，采用 VR 技术帮助操作员训练太空机器人。NASA 的 Robonaut 2 是一个人型机器人，它有手臂、手掌、手指，移动方式和人类一样，但是要为太空设计灵活敏捷的机器人的目标仍然未能完全达成。人类的控制快速而直观，Robonaut 2 机器人却不能，如果机器人不能流畅而即兴地执行指令，就无法做到真正的敏捷和灵活。

为了解决这个问题，NASA 试图用人类输入的指令操作人型机器人。VR 的虚拟现实技术可能是最好的选择，它可以让机器人远程模仿人的动作。最近，NASA 与索尼一起公布了一段名为《Mighty Morphenaut》的视频，展示了他们的成果。他们开发了一款名为 "Mighty Morphenaut" 的 PlayStation VR 虚拟现实应用，该应用可以创建一个模拟太空舱，让操作员学习控制太空机器人并远程完成太空作业。

NASA 软件工程师约翰逊·强森表示："我们希望能将机器人放在一个环境中，让它可以四处观察然后移动，这比鼠标和键盘更直

---

① 转引自:《VR 技术还能这么用帮助 NASA 训练太空机器人》，载凤凰网科技报道，http://www.techweb.com.cn/it/2015-12-16/2242170.shtml。

观，训练起来更容易，可以更好地理解如何操作机器人，让操作者更快速、更直接地控制动作。"

只要人类操作者可以完美追踪，利用PlayStation VR和Move控制器追踪，控制机器人实际上相当简单，因为机器人可以模拟人类操作员的动作。但这项技术目前也存在一些缺点：就算机器人可以完美跟上操作员的速度，由于太空离地面距离太过遥远，通信信号会出现延迟，最终导致动作指令的发送和执行之间不协调。

所以在Mighty Morphenaut应用中有时间延迟模式，使用者会看到一只鬼影一样的手，它的移动比操作者的实际移动要慢一拍。索尼Magic实验室主管理查德·马克斯（Richard Marks）说："我觉得很不错，因为我们取得了很大的进步。最开始时因为时间延迟搞得操作者无法工作。"

VR技术在工业应用上的优势

VR在工业领域的应用在于它对信息的体验化预览，应用在设计领域，能够使生产商在设计初期看到并感受到产品实际的样子，帮助设计师及时调整、完善设计，并进行投产前的测试。将VR应用在制造业的产品设计环节，可以大大缩减构建产品原型所需要的时间与精力。

虚拟现实技术在工业领域的应用非常广泛，知名汽车制造厂商如标致、雷诺、宝马、福特、捷豹等都有虚拟现实中心。

在设计阶段，通过实时比较，减少了说服和尝试成本

现在汽车、飞机、轮船、家用电器制造商和工厂设计师都在使用虚拟现实技术为产品设计制造原型产品。他们可以用更少的金钱和时间，制作一个在虚拟现实环境中互动的原型机。通过这个原型机，设计师、工程师、销售人员、终端用户等都可以直观地看到产品，并提出自己的意见。另外，由于这个原型机是可修改的，大家可以对它的颜色、外观提出意见，并可以立刻看到调整后的结果并进行对比，这减少了非常多的说服和尝试成本。

为人体工程学测试提供参考

在进行人体工程学的测试时，虚拟现实也提供了非常好的参考环境。当用户使用时是否会因为使用同一个姿势而引发肌肉酸痛，开关、螺丝的位置是否合理，安装者能否用手够到，这些问题都可以在虚拟现实环境中进行测试，以方便设计者随时修改。

另外，它对于生产前的市场调研也非常重要，在产品开发前期就让终端用户参与到设计过程中，测试他们的喜好和购买意向，能够帮助制造商更好地进行产品的研发和生产。

进行可操作性测试

虚拟现实技术还可以用于验证设计的可操作性和可生产性。通过输入材料参数,可以在虚拟现实环境中模拟生产流程,以测试设计的可行性和进行成本估算。这尤其适用于建筑行业,许多设计在建造过程中因为发现原定材料无法实现原有的设计形态而不得不增加预算,这导致许多建筑项目的实际花费往往是预算的好几倍。有了虚拟现实技术后,可以在虚拟环境中进行生产预测试,以确保设计的可操作性。同时,也可以在虚拟现实环境进行许多建造、生产的尝试,这有利于工程师创新生产流程。

图 3-19 福特的 FIVE 实验室

[案例36]

福特的FIVE实验室 [①]

在福特的FIVE实验室有一款虚拟现实原型车，汽车只有一个座位和方向盘，使用者会戴上VR眼镜和一副手套，墙壁的19个运动跟踪摄像头用来获取佩戴者头部的精确位置和方向。使用者在VR眼镜里会看到一辆完整的车，他围着车走动，可以观察它的外形和材质。他可以打开引擎盖，看看发动机，甚至还能看到发动机的内部构成。当他坐到座位上时，就真的坐在这辆车里，他可以看看车的内饰，感受车厢的空间感。

这辆车还配备了80英寸4K显示器和计算机平台，用户可以加载车辆CAD模型，将它置于不同的环境中，然后在汽车周围走动，就好像自己身处陈列室一样。福特通常会在这个虚拟原型机的平台上测试设计图，然后再生产物理原型做进一步检验。

福特通过结合虚拟现实技术和人体工程学设计来优化汽车生产线，通过测量每名生产线上的工人，收集数据并建立计算机模型，预测装配工作中的身体碰撞，识别运动可能会导致的过度疲劳、劳损或受伤。

研发团队使用全身动作捕捉技术跟踪每个员工手臂、背部、腿

① 转引自：《你知道吗？ VR技术还能用来造车》，载腾讯数码，http://digi.tech.qq.com/a/20160506/011943.html。

和躯干的平衡和受力，3D打印技术用于确认间隙大小不同的手的握力点，最后用沉浸式虚拟现实技术进行可行性评估。迄今为止，福特在全球超过100辆新车生产线上进行了这样的优化，减少了90%的过度动作、生产中难以解决的问题和难以安装部件的问题，并且减少了70%的工伤率。

VR将促进团队成员的协同合作

如同VR技术在社交中的应用，虚拟现实技术可以将项目的各方参与者放到同一个场景下协同工作。现在当设计师需要和异地工程师交流时，只能靠面对面交流或者电话、网络交流，但面对面交流会浪费交通成本和时间成本（从纽约飞到北京，就耗掉一整天的时间，更别提还需要倒时差进入工作状态了）；如果在网上或用电话交流，又常常会觉得说不清楚，因为为了保证大家的信息一致，就需要一直强调，"请看图纸右上角，你看到那个白色的凸起了吗？"但在虚拟现实的环境里，场景就会变成：设计师和工程师还有材料专家一起来到放置虚拟飞机原型机的场景中。设计师指着原型机的每一个地方介绍设计的考量，工程师提出自己的疑问和建议，材料专家判断可行性。原先使用的玻璃，现在出了一种新型材料可以替代，于是材料专家建议将玻璃换成新型材料。工程师建议这个地方可以扩大空间，于是他带着大家走进这个空间中，设计师同意他的说法，于是增加了空间的宽度。最后通过这样的协同合作，团队成员一起达成了最佳的方案，也减少了后续的返工。而这一个小团队的成员其实身处世界各地。

相比VR，AR在工业上的应用更广泛

AR的实时信息显示和反馈能够帮助工程师更好地获取、记录和分析数据

对于现场工程师而言，在对大范围的设备点进行检查、维修时，现在普遍的方式是，先进行数据测量，然后输入系统，后台工作人员根据数据进行测算和分析，最后做出维修决策。在实际维修时，还需要记录大量数据，实时监测，确保数据符合标准。但使用了增强现实技术，工程师戴上眼镜，就能通过定位和图像识别，确定目标对象，同时结合定制的传感器，迅速读取当前的运行数据，比如气体流量、压力、温度等，并自动显示和记录在系统里。工程师还能从云端调取历史数据进行比对。增强现实技术还可以让工程师实时和后台分析人员进行交互，在现场就讨论出操作决策。在操作过程中，实时数据的变化和操作流程也会投影出来，直到工程师安全高效地完成作业。这样做简化了工作流程，降低了操作难度，提高了工作效率。

仓储信息实时显示

大众给它的车间工人配备了AR智能眼镜。戴上眼镜后，工人可以通过镜片显示的信息看到仓库货物储藏的位置，以及每个箱子里装的零部件类型和数量，并且判断他们现在所拿的零配件是否是他们需要的。AR眼镜加速了他们装货的速度和准确性。这样一来他们不需要用任何手持设备来查询这些信息了，AR解放他们的双手，让他们能够用来搬运货物。

协助救灾

实时信息显示在许多救灾现场也能帮上大忙。比如在火灾中，戴着AR眼镜的消防员可以立刻看到火势中心点距离、爆炸点、现场温度、烟雾密度等，根据这些信息，他们能避开危险区域，及时判断行进路线，以保障人身安全。

解放工人的双手

增强现实技术中的动作捕捉、手势识别、眼球追踪等交互技术能够帮助工人同时进行多项指令。比如当工人手里抱着东西时，可以通过曲肘下达开门指令，通过眼球追踪来操作系统，调

整放置的工作台的高度、适应模式等。而在之前，这可能需要多
人配合，才能完成这一系列指令的下达。

减少对脑力的消耗

AR技术可以在工人维修设备或者操作设备时，提示准确的
安装位置、操作流程和需要注意的事项，这就不用工人花大量时
间进行提前记忆了。当工人在为大型机械安装零部件时，AR眼
镜会自动识别需要使用的零部件，并告诉他它需要被安装在哪
里，在工人进行安装时会提示他安装的方式，并为他检查安装得
是否正确，之后会提示工人下一步的流程。有了AR，对于一些
机械重复的工作，工人除了动手之外，就不用再考虑别的事了。
即使是没有任何经验的新手，也能成为专家。

AR技术在工业领域的应用，青橙视界就是一个很好的案例。

［案例 37］

青橙视界 AR 应用于高科技领域

青橙视界（Kingsee）是专注于智能眼镜和增强现实核心技术
与产品研发，并将之应用于工业领域的高科技公司，是AR智能眼
镜工业解决方案的提供商。青橙视界自主研发的双目式AR智能眼

图 3-20 青橙视界 AR 智能眼睛

镜 RealX 和工作辅助与培训系统 PSS，已在国家电网、某大型军工企业、南方电网、捷普集团、中国航空发动机集团等企业成功落地。

其中，青橙视界与航空维修公司联合研发，将智能眼镜和增强现实技术引入飞机维修领域，实现了落地飞机智能维修，优化了现有维修模式和流程。同时与国家电网联合研发，为超高压设备和线路提供基于智能眼镜、增强现实、大数据、物联网、机器学习的智能化巡检维保系统，解决了漏检、效率低、评估不准确、数据孤岛、管理困难、数据实时性差等传统巡检维保所存在的问题。

"VR+"其他

军事

事实上，军事正是最早使用VR技术的领域，随着科技的不断进步，这些高尖端技术才逐渐走进了普通人的视线，成为商业化的消费品。毕竟，从某种程度上来讲，现代战争就是一场按钮游戏。战争和游戏。本质上并无不同，游戏就是虚拟的战争，战争也可以视为残酷的游戏。VR技术也使得军事装备变得日益智能。

VR技术在军事领域可以模拟真实战场环境。通过背景生成与图像合成创造一种险象环生、几近真实的立体战场环境，使受训士兵"真正"进入形象逼真的战场，从而增强受训者的临场反应，大大提高训练质量。其次，VR还可以模拟诸军种联合演习。建立一个"虚拟战场"，使参战双方同处其中，根据虚拟环境中的各种情况及其变化，实施"真实的"对抗演习。同时，VR技术在军事武器的设计制造与机械应用上也起到了很好的推动作用，使更多的军事机械能够在短时间内从设计到改良到最后投入使用。

新闻[1]

一直以来，新闻报道的模式都局限于文字、照片、声音与视频，而VR的出现似乎让我们看到了颠覆的可能。也许在不久的将来，新闻的阅读方式将更加丰富真实，通过佩戴VR设备或AR眼镜，我们能扫描浏览文字报道，也能观看相关的沉浸式视频，进入新闻中的那个环境，让一切的新闻文字更有波澜，声音传播得更广，画面更加牵动人心。这样让人身临其境的新闻一定能更加真实地还原事件真相，唤起人们的同理心，一定程度上改变现在的新闻传播方式与行业业态。也许这便是新闻塑造社会公益与新闻理想实现的手段。目前我国的新闻行业领跑者如新华社、网易新闻等也都在这一领域逐渐展开了布局。

《纽约时报》正在这场变革的前沿。这个老牌媒体大胆地做出一个尝试：用虚拟现实技术来"报道"新闻。这不是一个心血来潮的玩票或者噱头。在体验了之后，你甚至觉得"报道"这个词都不一定对：你被放置在了一个场景里，近距离看着新闻的主角，看着周围的人，360°的声音环绕——你就直接来到了新闻的现场。

你可以看到巴黎恐怖袭击案发生后人们悲伤的表情；你可以看到美国墨西哥边境的漫天黄土；你也可以看到人们对"疯子

---

[1]　转引自:《VR看新闻行得通吗?〈纽约时报〉都开始盈利了》，载凤网科技频道，http://tech.ifeng.com/a/20160313/41562289_0.shtml。

候选人"唐纳德·特朗普的热情。就像《纽约时报》的编辑萨姆·多尼克说的,"戴上头盔的一刹那,你就站在了现场。比如报道选举,我们不会去把重点放在那些候选人身上,而是放在台下的人群中,让你了解站在人群中是什么感觉,看到是什么人在为特朗普欢呼。当你清楚地看到身边一个怀抱孩子的母亲脸上狂热的神情,你就会知道特朗普一定会赢得提名。"

《纽约时报》集团推出了NYT VR这个创新的虚拟现实平台之后,开始用真正的虚拟现实的方式来讲故事。他们有了这个行业里的第一个全职的虚拟现实编辑,和集团内新闻、视频、图片和市场部门超过30多位同事合作,在全世界用虚拟现实技术拍摄新闻现场,有的VR视频只需要几周的时间来拍摄,但是有的需要花费几个月。

体育

体育行业与VR技术的结合在国内外早已不再新鲜,但除了目前绝大多数采用的VR直播的方式,VR体育运动培训也是另一个二者结合发展的方向。从教练方面来说,虚拟现实将他们的战术手册、对手分析报告等三维化,然后把运动员置于"真实"的战术环境之中,这相当于给球队找到了一群不要钱、不会累、演谁像谁的陪练。从球员的角度看,战术手册的学习再也不是看完了再练的两步过程，而是自然一体，而且省去了费时费力的记忆过程。尤其对于个人训练，即使没有队友的帮助，球员自己也可以完成一堂全队训练课。在VR训练系统领域，EON Sports VR，这家位于美国堪萨斯、远离创业中心硅谷的公司，设计出的顶尖VR体育训练系统产品，已经在美国体育界得到了广泛的认可。EON Sports VR针对美式橄榄球、棒球推出的一系列模拟训练软件已经被美国国家橄榄球联盟（NFL）、美国职业棒球大联盟（MLB）等多支球队引用到日常训练中。

除去"VR+体育"给专业运动员带来的便利，VR训练系统在家用范围内也可以有一番作为。比如高尔夫这项富人的运动，它对于时间、环境、场地与设备的要求都非常高，所以无法走进千家万户让大众享受与体验。但家用VR体育设备可以轻而易举地解决这个问题，在系统内，将给使用者配备私人教练，量身定做合适长度、手感、重量的球杆，并在方寸之内放置广阔的高尔夫球场，真正做到随时随地练习。

VR技术在体育方面的市场价值正逐渐展现。虽然目前训练系统的各种各样的功能也相当全面，但是其核心的训练系统能达到怎样的效果，是否能超过传统的运动训练方式，还需要进一步验证，但我们相信，随着技术的进步，"VR+体育"的发展一定会有所突破。

第四章
众说VR——业内人的分享

我思，故我在。

——勒内·笛卡儿

苏志鸿：在电影银幕背后看VR①

> VR电影是IP的放大镜，最后还是要发展为游戏。
>
> ——题记

受访人：苏志鸿

背景资料：苏志鸿在二十多年的影视工作中，积累了广泛的资源，他监制和制作了一众票房猛片，如《功夫梦》、《大兵小将》、《特警新人类》和《紫雨风暴》等。

苏志鸿于2014年出任奥飞影业总裁，其间参与出品、投资多部电影，包括《栀子花开》、《美人鱼》和《荒野猎人》等等，曾任成龙集团行政总裁，被称为成龙的"御用监制"。

VR是电影的未来吗？

您第一次接触到VR是什么时候？当时感觉怎么样？或者说有没有想到现在VR会吸引这么多人的目光？

我第一次体验VR是在今年年初的CES上，是一个VR短片，有外星机械人站在那里，士兵在后面打怪兽，当时的感觉是方向是对的，但技术还没达到，虚拟现实的感觉有一点，但解析度、分辨率是不高的，还有明显的噪点，转头时也会卡。但过了几个月，我去美国看《火星救援》的VR体验版，就可以看出来变化非常大。它不仅是一个视频，还可以互动，之前看的还只是一个360°视频，现在是可以控制内容的，控制走去哪，点什么，可以开门。两次看完就觉得跟我本身的想法是很接近的。因为去年很多不同的人都在讲虚拟现实，有看到广告什么的，当然我们知道科技是一直在进步的，但是也知道科技进步的速度不是一个稳定的东西，它一开始是很慢的，然后突然会爆发，但还是没想到会这么快，所以我想，VR的未来就是，我们能够想到的都可以做到。

您想到的VR电影的未来是什么？

首先，我们要看看，什么叫电影。电影就是观众投入故事中，由演员去把你想的表演出来给你看，而不是你去参与，你的参与只是你去看，导演是讲故事给你听的。就是看《哈利·波特》的感觉，你和他一起飞，但主角还是他不是你。他做什么事会影响你，你会为他紧张，会为他担心，你的情绪是随着故事走的。这和ＶＲ所做的沉浸感不完全一样。

运用了虚拟现实技术之后，电影会是什么样子呢，我想到的ＶＲ电影有两个做法，一个是360°全景，在虚拟环境里看这个电影，你看的角度可以和别的人不一样，所以你的参与感更强。但没有互动，这个应该会很快出现，它改变的是我们观赏电影的形式。

另外一种是加入了互动，它就更偏游戏化了。但ＶＲ电影的互动，应该尽量不要影响故事主线的发展，如果影响讲故事的结构就没有这个必要了。如果影响到主线，那我们整体就改过来了，把纯观看电影，变成了一个游戏。变成游戏的话，视频就完全变成一种视觉体验了。

如果把电影和游戏结合在一起，就需要观众主动去做一些事，观众代替了其中的一个演员，这丰富了影像讲故事的方法，但我感觉，目前这种做法，只能适用于电影的一个特定场景中，不能成为故事的关键情节。不然，你想，如果电影中你可以走到这边，也可以走到那边，每个人都不一样，故事要怎么发展？如果三四个人同时进入这个电影，这就更难了。

您觉得VR电影会取代传统电影吗?

不会。VR电影无法替代传统电影那种叙事感,它很难像传统电影那样去讲一个完整的故事,因为一个360°的全景电影,观众太自由,但它的故事场面是有互动和体验的,更像一个游戏。它很难成为一个艺术的表达形式,更可能只是一个娱乐的、玩的东西。

VR电影的选题有什么特点?

不是每个电影都可以做VR,那也没有意义的,但比如动作片可以,科幻片也会比较容易。

您觉得VR电影在哪些方面优于传统电影?

深度参与,在这个方面,VR电影肯定是优于传统电影的。
就像是3D电影,第一次看3D电影,哇,好棒。因为3D电影的场景已经有一种沉浸的感觉了。因为3D电影有深度,所以让你觉得是沉浸在里面的。但如果是VR的话,观众不仅可以沉浸,还可以自己动手去做了。

如何创作VR电影

VR电影在创作上有什么特点吗？

在传统电影里，导演通过剪辑来控制故事的发展，导演选择把什么样的镜头切给你，就是告诉你该看什么。但在VR内容里，就等于是"我"变成了摄影师，即使你在讲话，但是我想看另外一个人，我就可以不看说话的人。观众有了选择权，可以选择看他还是看你。传统电影的剪辑是带观众走，观众按照导演设计的思路去看，VR里，观众要自己去走这个过程。

那VR电影的这个故事应该怎么去讲？

这个比较困难。导演需要在用镜头讲故事和观众想看什么故事中间找一个平衡点，如果这个平衡掌握不好，电影出来可能讲不明白。电影必须是有一条线走下去的。在做360°画面时，故事的设计必须要大部分观众都往导演希望的方向去看这个故事，每个场景都要有设计，故事跟里面的人物都要像悬疑片一样，它的出现是有目标的。

另外，在VR电影中的声音、光线特别重要，这是吸引观众去关注的特别重要的线索。就像聊天中有人敲门，我们都会往那个方向看一样。现在你看2D或3D电影，全景声做得很好，但是当镜头没有给到时,你是听不到比如下雨、闪电、人跑过来的过程的。但在VR电影中,你是可以听到的。当一只老虎跑过来时,你可以不看,但是你能听到草动的声音、老虎奔跑的声音,这些可以用在VR里帮助观众投入情节中。

导演在拍VR电影时,镜头语言会有什么变化?

我觉得一个好的导演,不会困在传统的框架中,实际上,导演讲故事用到的都是一样的元素,其中环境、道具、美术是固定的,但演员表演永远有变化。另外,导演和摄影师,导演和剪辑师一起,会产生不同的讲故事的方法。但VR电影基本上没有剪辑,摄影师花哨的镜头技术也没有了,更多变成了导演与演员的直接对话。

传统上拍电影,演员讲一段对白,会有多组机器,对准不同的人,最后生成故事的时候,导演通过切换镜头来带动故事的节奏。在美国,为了方便后期剪辑,导演会同一个镜头拍好几次,用到不同的镜头组合。但VR电影中,观众本身就是摄影师、剪辑师,用的都是全景。原有的剪辑和拍摄的技巧都没有办法使用了。

VR电影的制作流程有什么变化?

从制作流程上来讲,会有很大的变化,各个工种的变化非常大,VR很难用目前电影的这种体系来拍摄。但目前还没有形成一个标准化的流程。只是未来，我觉得会出现一个新的工种，我们叫智能化工种。未来 VR 电影的拍摄，技术的融入会越来越多，人工智能、无人机、实施引擎，都会被利用起来。但说实话，具体要怎么操作，其实我现在还没有想得特别明白。

新商业模式：VR 电影是 IP 放大镜

VR 电影大家都是用头盔看的，那么大家以后还会去电影院看电影吗？

从 20 世纪 70 年代开始，去电影院看电影是一个时尚的活动，现在，它越来越变成一种社交娱乐活动。电影院里 100 个人，同时间在投入，拉动情绪。别人在笑的时候，你干吗不笑呢？然后是惊悚片，大家都害怕的时候，你不由自主地就被感染了。另外，它是一种社交方式，成为一个共同的社交话题。

但是对于 VR 电影来说，我们在观影的时候更像一个独立的个体，它的社交属性没有那么强了，另外因为要 VR 画面呈现出电影级别的效果，对设备的计算性能要求极高，目前还很难做到，所以即使有 VR 电影院，也是比较小众的。未来随着技术的发展，如果在家看 VR 电影和在电影院看效果是一样的，一些 VR 电影，也完全可以在家观看。

未来VR电影的商业模式主要是什么？

未来票房可能不再是VR电影最主要的收入来源了。流量变现，付费会是一部分，但比较少，互动可以。但这又涉及一个需要探讨的问题，就是VR电影应该做长篇还是短篇，还是说只是一个互动娱乐。这个现在很难去评判，因为技术变化太快了。另外，我们做VR电影，有时候是为了IP，之后，把这个成熟的IP发展成游戏，再从游戏中去变现。因为电影的传播效果是最好的，它是完全面向大众的，能够覆盖各种类型的人群。很多电影，就算你没有去电影院看过，但是一定听说过，这就是电影的价值，它是一个IP放大镜。

从您个人的观点来看，奥飞近些年在往泛娱乐化方向发展中投资了不少VR公司，背后的投资理念是什么？

理念是关注整体的生态。如果是一家小公司，单做一个环节是可以的，但如果是一个大平台、一个生态环境，就要关注整个产业链、整个生态圈。同样是两家公司，一家在整个链条上有1，我则有整个链条上的123456。这样我的1比他的1优势更大。因为如果他缺了2、3，他的1就做不了；而我有整个链条，如果缺了中间的某个部分则可以用其他部分弥补。这是一个整体战略。

影视在您提到的整个链条处于中上的位置?

绝对是一个上的位置。影视不一定会赚钱,但它可以把一个产业链带动到一个高度,这也是IP的放大镜作用。电影票房无论是多少或有多少人观看,都不重要。因为从中上游到下游是一整个链条,有内容有平台,中间就是自由的IP。

中美VR电影发展的对比

您在美国、中国以及中国香港的电影行业都非常有经验,觉得国内和国外VR电影发展有些什么区别?

美国发展VR是有优势的,因为VR特别适合科幻片,大场面,这一块中国比较弱。中国的武侠片其实是适合放在VR里来表现的。

您提到比较弱,是技术上弱吗?

就电影拍摄而言,现在国内技术做得不错,现在有好几家公司在做后期,还有特效片,甚至有些最好的技术其实是在中国。但是中国唯一缺的就是创意不够。这个创意分两个部分,一个是技术部分,另一个则是叙事。中国技术再好,为什么能想到的还是有些没法做出来呢?因为技术的创意不够。在美国,在讨论技术解决方案时，过程通常是这样的：导演想到比较有特色的情节，就会和特效、摄影师、美术指导沟通。他们根据要求去研究，一周后回来，如果可以做，就会给出一个可行的方案，如果不可以，导演就说再给你两个星期，他们就再去研究。但在中国，如果不能这么做，导演就要另外改创意。所以，在美国，能不能做是时间问题，不是技术能力问题，有时他们会为了某个创意去开发新的技术，他们会为了"我想这样"去研究。中国有时是，"我想这样"但技术做不到，就放弃了。

另外就是电影艺术上的差距。首先是演员，美国演员是不会搭戏的，三个月时间给你，其间别的什么都不干。中国演员是多个舞台跑，同时间拍三部电影，一起兼顾。另外，中国导演要么把美国模式直接搬到中国，中间缺乏自己的思考，要么就是太把自己当艺术家了。但电影是大众艺术，要讲故事出来，需要符合大众的需求。

VR 电影在国外发展得怎么样？

海外真正开始做 VR 电影的并不多。现在海外做 VR 的就两个主流：一个是 VR 现场直播，另一个是 VR 游戏，中间加一个 LBE（Location Based Entertainment）——定点娱乐，类似于主题公园，围绕一个主题在做，但没有主题公园大，更像一个线下体验馆。

您看好未来VR的发展吗?

这个技术对人类很重要。VR的内容有很多,电影我还没特别想过,我更关注游戏这一块儿,包括生活参与类和社交类的互动。

所以您来做投资的话,肯定关注的是游戏类的项目而不是影视类的项目?

这两个是互通的。十几年前,你玩游戏过关了,就会放个片子给你看,看到片子你就过关了,然后再下一关。

何文艺: 创客眼中VR的现实和未来[①]

一个人从 30 岁到 40 岁是一个非常宝贵的时间段,我今年刚好是 30 岁。VR 是一个需要付出 10 年时间的行业。我选择做 VR 这件事,愿意用未来的 10 年为它付出,为它创造更有价值的东西,这是一件非常有意思的事情。

——题记

---

① 此篇为本书作者与和君管理研究院曹雨欣共同采写完成。

受访人： 何文艺　乐客灵境科技有限公司 CEO

背景资料： 乐客灵镜科技有限公司，简称"乐客 VR"，是北京中关村实创创新孵化器的公司之一。乐客 VR 首席执行官为何文艺，团队由电影制作、游戏开发，以及大型娱乐研发等行业的一群精英组建而成，专注于虚拟现实主题娱乐开发、游戏互动开发、电影制作、旅游研发等领域；同时兼顾虚拟现实技术使用和研发一体化解决方案、主题展馆创意类互动类整体解决方案等业务。乐客 VR 成立于 2015 年 3 月，至此，一年内已完成四次融资，包括种子轮、天使轮、A 轮及 A＋轮，现在旗下有三家子公司，总估值（含子公司）接近 4 亿元。

VR 会成为一种生活方式

讲讲接触 VR 的故事吧，为什么放弃原先的影视工作选择从事 VR？

我接触 VR 还算比较早，应该是在 2013 年。当时我的朋友们在做一个海外主题乐园的项目，他们公司买了一个 Oculus DK1 的头盔，在做一些小测试。室友把头盔带回宿舍，因为我是一个特别喜欢新鲜事物的人，就玩了下。我戴上之后，觉得挺有意思，但并不知道这是什么东西，只是在脑海里留下了一个印象。

过了很久之后，2014 年的八九月份，这家公司成立了一个 VR 部门，买了很多新设备，像 VR 的 Oculus，我又跑去玩。如果说第一次戴上头盔，觉得它只是一个玩具，这次，我觉得它是一个世界了，是一个新的领域。接下来的一周，我先后五次找各种借口又去他们公司，一方面偷玩，另一方面和研发部的朋友讨论 VR 的话题。再之后，我又仔细思考了一周，做出了人生中最大的一个决定：我要去做 VR！

VR 最吸引你的是什么？

对这个虚拟世界的无限想象力。

现在越来越多的人都在谈 VR，你觉得 VR 到底能改变什么？

我们反思了一下，认为 VR 改变了几件事。

第一，VR 改变了空间，把空间进行了重新定义。空间其实很珍贵很有价值，尤其现在的房价很贵。当人在狭小的空间里，面积是有限的，小屋子的四面都是墙，人很容易压抑。当人戴上 VR 头盔以后，会发现不是在狭小的空间里，而是在海边，还有海鸥在飞，浪花拍打，人的心情瞬间就会改变。

第二，VR 为地域和时间做了第二次定义。地域的第二次定义体现在当我想去巴黎，我一戴上头盔，瞬间我就过去了。我相信未来两年，也有可能是 5 年，人可以直接通过 VR 感受巴黎的埃菲尔铁塔。想象有人做一个App或者网络VR，人坐在埃菲尔铁塔对面小咖啡厅的阳台上，看着埃菲尔铁塔，旁边还有很多美女穿过，这个感觉是非常棒的。

此外，VR使想象空间发生变化。比如当我拿一个瓶子的时候，在真实世界里我放手，它肯定就掉下去，而在虚拟现实世界里面，我放手，它悬空。我碰它，发现它和橡皮一样都是软的，我下一秒碰它，它因为重力又掉在地上，可以看出想象力是无限的。

那VR的最大价值是什么？

实际上VR最大的价值是它吸引人们去体验，去了解，占用了人的时间，能成为将来的一种生活方式。评定一个行业的市场有多大，取决于它占有人的时间有多少。大家都知道现在的手机市场很大，手机游戏的市场也很大。如果一个人平均每天花三个小时在手机上，发短信、看资讯、刷朋友圈等等，那么它的价值就是三个小时，而人的一天只有24小时，用到其他方面的时间就会减少。同样的道理也适用于VR。当物质条件满足以后，人们就会追求精神层面的东西，而现实世界里不能满足我们想拥有的一切，人可以去虚拟世界里寻找，对它的需求越多，人对它的依赖就越多，它会逐渐占用一个人更多的时间，最后变成一种生活方式。这里具备一个非常巨大的经济价值在里面，甚至会有色情、暴力、赌博，产生精神鸦片的感觉。

我们要看到未来的东西，VR将来会诞生很多黑马

回到您创业者的身份，创业是个很火的词，您心中的创业是什么样子？

不一定是注册成立一家公司、做CEO才叫创业，创业应该是团结很多人，在共同努力下把美好的事情、有价值的事情做成功了，或者说和一群非常优秀的人，把一件非常好的事做成功了，在做事情的过程中，同时也实现了经济价值的回报。乐客现在有15位期权的合伙人在创业，甚至每一位员工都在创业。乐客有很好的期权激励机制，每个人都可能成为乐客的股东，我觉得这就是创业。

现在BAT（百度、阿里巴巴、腾讯三个公司的泛称）、传统的上市公司大量进入VR领域，创业者是否有机会和大公司竞争？

我觉得在未来的一到两年内，创业者依然有很多机会。BAT毫无疑问是大象，是巨头，相比之下创业者也许是蚂蚁。但VR从硬件到内容再到各个领域的应用，其实是"VR+"的概念。VR不是一个单独的行业、一个独立的技术，而是一种变化，是人类在交互领域的意识的变化。我们去看互联网，它也是一种变化，它改变了人与人沟通的方式。比如说我要找人，一个信息发给另外

一个人，很容易就收到了，或者说我要去了解李彦宏，互联网搜索将大量知识、信息集中在一起，可以了解他的从业经历，甚至他的家庭背景。那么VR带来的变化是什么？是我们在真实世界里面没有的东西，可以在虚拟世界中拥有。这也是欲望的重新定义和变化，而这种变化会打破传统，建立新的平衡。在新平衡建立的基础上，每个人都可以出一份力，可能BAT出了大力，创业公司出了小力，但它们都是其中的一分子，创业肯定是有价值的。

相比BAT，您觉得VR创业公司的优势和劣势是什么？

"VR+"跨的领域很大，BAT是互联网领域中的三家公司，而VR绝不是互联网的产物。VR最大的优势是和互联网一样冲击传统，距离感、空间感、时间感这些有差距的地方都是VR可以去冲击的，就好像"互联网+"一样，它颠覆所有沟通以及与信息相关的东西。在这个过程中，其实互联网中BAT和创业公司是平等的，只不过前者大一点而已。

VR创业者的优势也是VR本身的优势带来的。正因为VR是新事物，想象层面很多，BAT体积大，这样的庞然大物不会迅速在这个方向落地。BAT没有去触及很多细分的领域，即使触及了，也没有亲自去做，更倾向于用投资、收购的形式整合资源，对VR亦如此。举个例子，滴滴打车是互联网中的新行业，最后的东家还是BAT。

VR特别像15年前的互联网，当时人们想不到互联网会发展成如今的样子，今天，我们已经离不开网络了。VR是一个10年的过程，现在无法想象10年后的世界，若不抓住这个代表未来方向的新事物，10年后就跟我们没关系了。我们要看到未来的东西，VR将来会诞生很多黑马，公司创始人对VR的理解要非常透彻。

分享些在创业过程中积累的经验吧，让其他人借鉴，少走一些弯路。

创业过程中遇到过很多困难，不断地踩坑，也有一些经验或者心得。

第一，对产品和市场的定位很重要。VR行业的成长和迭代速度太快，而我们是随着行业的变化而变化的。VR行业不是平稳上升而是上升、停，再上升、再停，如果没有掌握这个节奏的话，就容易踩空。我们也曾经做过很多产品并没有一次性就推得特别火，后来我们就改变方向。大家都说VR马上来了，用户马上来了，但现在还是没有来。现在是积累的过程，即使有几千万用户，也不是随随便便就可以变现的。乐客在早期选择做线下娱乐，至少我们能赚钱，我们也可以基于这件事情，积累更多的用户和经验。

第二，股权架构。创业公司的股权架构若设置得好，会是个非常聚人气的地方。在和君资本的帮助下我们现在已经聚拢了非常多优秀的人才，包括我们现在子公司也用同样的方式在发展，也召集了非常多的人才。好的股权架构要建立团队的期权激励机制，这很重要，否则所有的人没有共创的过程。

公司在融资的过程中，积累了什么样的经验呢？

千里马也需要伯乐，伯乐是使千里马跑得更好的角色，是一个并肩作战的角色。在公司发展的过程中，有些东西不一定是谁教给我们的，而是我们可以从别人的思维理念里学到很多东西，不断提升。在融资的过程中，我有个感触是一个人心有多大，世界就有多大。创业者对行业的理解才是投资人想要听的东西，因为这种理解代表着团队将要发展的方向。我们一路走过来，发现真正在Strong VR孵化的企业里面，往下一个阶段迭代的企业很少，基本上拿完种子，拿完天使，然后A轮，然后遇到各种瓶颈。好的同行伙伴很重要。

还有别的经验可以分享吗？

管理理念！要有人才管理培训以及财务管理、财务制度。我记得有一个类似150人的"魔鬼定律"，就是说当企业突破了150人的极限后，公司就进入另外一个层面。一个公司有好的管理机制是持续发展并且不断迭代扩充、不断走下去的很重要的原因。乐客现在有完善的人事管理制度，有HR（人力资源）、HRD（人力资源发展）、人才培训，包括各种心理辅导，HRD对公司的文化建设有非常大的作用。财务管理层面，乐客130人的团队，财务人员有4个。乐客最主要的人员在研发、市场和平台运营，CTO、COO（首席运营官）、CMO（市场总监）也是最核心的合伙人，分别在不同的方向推动项目，形成完善的人员结构。

做公司就像在做一个艺术品。创业其实是单点突破的过程，我们在做一个线上舆论的内容平台，把所有力量都集中在上面，以很快的速度实现突破。在这样一个单点突破的过程中，它像一个火箭。当我们需要更多的燃料时，又成立了三个子公司。而子公司就像火箭上的助推器，可以让火箭飞得更快。

做过最失败的产品是什么？

记得有人问冯小刚最失败的作品是哪一个，他说这就像在问一个爸爸最差劲的孩子是哪一个，这是没有答案的。我们没有把一些产品推向市场，其实也不能算是失败吧。我们一开始会做很多原型，做很多种可能性，比如做8种可能性的东西，开展到一定阶段的时候我们会淘汰一些，选择一些再淘汰一些，最后保留可以适应市场的。所以我们说产品的阶段性不一样，有些产品是过渡性产品。就像一个团队里面，有人是光鲜亮丽的，有人是做面子的，有人就是做里子。做产品也是一样的，有打配合的，也有打长线的。

根据你的观察，请谈谈 VR 行业的创业者应当具备的素质。

VR 创业者具备的素质，概括地来说，有两个方面。

第一，成为一个很有意思的人。VR 是件很有意思的事，要从事这个行业，首先要对这件事感兴趣，要爱玩 VR 这件事，然后才有可能、有机会把 VR 这件事跟原先做的东西或者说拥有其他的东西结合起来，能把 VR 做成一件玩的事儿就非常靠谱。

第二，在其他领域有擅长的东西，也就是复合型人才。当"VR+"的这个"+"把一个人擅长的东西加上之后，能把这件东西变成新的东西。复合型人才很重要。"VR+"，要加得上才行。比如想做 VR 和地产的加法，一个地产销售商可以利用 VR 卖房，卖得很好，这可以称之为创业。但如果不懂，就很难做好，如果找一个懂行的人做，你也可以获得成功。

中国与国外的差距会越来越小

您怎么看 VR 电影和 VR 电影院？

VR 电影是成立的，会不会有 VR 电影院则需要打个问号。乐客会将电影院放在战略后期考虑，毕竟电影本来就有着成熟的业态，而 VR 电影尚没有充足的内容。未来的 VR 电影院不光是看电影，还会成为一个社交场所。我们在做基于场所的 VR 社交。

乐客会专注在娱乐市场吗?

暂时来说,会的。虽然娱乐市场其实很小,但我们也要在里面创造大价值,基于虚拟现实娱乐来做很有意思的事儿。VR娱乐有非常多的生活应用,比如考虑在虚拟世界里养小动物。这是娱乐也是生活,甚至以后会出现VR雕塑家、VR艺术家。VR是蛮有意思的东西,很多人利用VR做各种行业,这也是乐客的理念。投资人和我们聊久了,会觉得这个行业的前途不可估量。

VR的发展模式是什么?

现在的VR发展模式类似于"O2O+VR+传统"三者的结合。我们在做娱乐,做VR的线下娱乐。VR将来必然是做互联网有红利部分的领域,VR将冲击某些传统领域,比如电影和游戏。电影是传统意义上的电影,VR电影则是新的东西,是VR和电影叠加起来的,而VR游戏是新的游戏。还有游乐、电玩城、街机、主题乐园,VR和它们的结合都是新的,但别忘了,游戏、电影是BAT里很重要的一部分,BAT在这几个领域占有很大的优势和红利。

未来乐客的商业模式会做调整吗?

乐客的商业模式在短期内不会有变化,做事要专注,单点突破一定要做到位,否则像分散的针力度不够,但我们会根据关注点做一些延展，延展是为了针刺进去得更有力量，这就是我们的理念。延展主要是针对内容分发系统，我们希望提供给客户的是一站式服务，这是乐客奥义存在的意义。它可以给客户提供从概念到设计再到落地的一整套服务。乐客游戏则可以基于大数据做出更准确的判断：做更合理的游戏提供给线下消费者。

三里屯VR体验店现在发展得怎么样了？

三里屯就是试点，因为它面积太小了，没办法做得特别好。我们当时为了尽快拿到市场的数据，做了这个试点。设备有20多万，现在每个月的营收能做到25万~30万，我觉得还是不错的。客户的留存、复购提升得特别快。

乐客将来有哪些发展计划？

我们做平台。在这个平台上，让乐客变得更加有价值，实现更多的商业变现，VR的市场没有停留在游戏和电影，而VR后期在生活方式上产生的价值才是我们要考虑的东西。

乐客目前一直在搭建基础设施，后期会做内部孵化，并以外部投融资并购的方式实现资本回报。2015年是VR线下发展试水年，2016—2017年是建立行业标准的阶段，2018—2020年这个行业会进入一个非常辉煌的阶段。2015年，我们做20平方米的体验店试水；2016—2017年，因为内容和可持续性越来越好了，我们做 100~300 平方米的体验店，以 300 平方米为一个标准，做一个 VR 公园的理念推动，内容会进一步完善，它的可玩性变得更大，后面会变成 500、1000 平方米。一个线下的 VR 公园娱乐中心的终极业态在 1000~2000 平方米的规模。

您觉得目前我们国家 VR 的发展同国外有什么区别或者差距？

现在 VR 的核心技术——头盔技术不在中国，或者说是内容的开发工具不在中国，往往打造像 Unity 这些游戏开发引擎基础设施的人都是老外，包括将来 VR 电影的拍摄方式及硬件设施。从优势方面来讲，中国的市场非常肥沃，从国外引进工具后，中国人也可以用来做内容，这方面还是可以的，虽然只是稍微慢了一点而已，但这个差距会越来越小。但每个行业又有不同。比如拿游戏来说，从主机游戏上讲是中国不如国外的，因为中国没这个文化。但在手游方面中国就做得特别棒，手游衍生到 VR 小游戏，中国会有非常大的突破。

未来 VR 发展的主要特点会是什么？

交互，除了视觉交互以外，还需要其他，比如环境。因为人有五感，其实对环境的要求非常高，所以我说 VR 是一个重体验的娱乐方式。

王祺扬：借VR之势打造一个全新的广电网络

> 目前VR传输的所有"短板"似乎都是广电网络的
> "优势"。
>
> ——题记

受访人：王祺扬　湖北省广播电视信息网络股份有限公司
（以下简称"湖北广电"）董事长、党委书记

背景资料：湖北广电是由湖北省委、省政府批准组建的省属
国有控股大型文化高新技术企业，是全省广电网络整合的主体和
湖北省电子政务传输网重点支撑企业，担负着全省广播电视信息
网络规划、设计、建设、管理、运营和开发应用以及武汉城市圈
三网融合试点任务。

三网融合与转型战略

**国家推动三网融合，中国广电近期也拿到了第四张运营商牌
照，这对广电网络未来发展有什么重要意义？**

国家推动三网融合，广电拿到第四张牌照，都是湖北广电
进行战略转型战略升级的重大机遇。基于这两个背景，我们制定
了三大战略：一是广电互联网战略，加强网络宽带化、双向化

改造。湖北广电网络已经取得互联网接入、增值电信业务等资质牌照，中国广电电信业务牌照的获得，将帮助湖北广电实现传统"单向、点对面、中心型"广电网络的"双向化、宽带化、扁平化和互联网化"发展。另外，我们还需要强化互联网思维，争取与全产业链价值提升的龙头企业和科研单位开展战略合作。

二是文创园区战略，即围绕中国广电互联网产业链项目搭建平台、设立基金，实施"平台＋投资"战略，培育扶持文化创意类项目的发展。

三是资本运作战略，即发挥上市功用，利用资本市场，发展全产业链。这些战略都是打基础、管长远的基础性工程，公司未来将彻底改变纯网络型、单一产品服务型业务结构，实现"云、管、端"全链条、"内容、渠道、平台"全要素、"经营、研发、服务"全业务，打造具有较强公信力和竞争实力的多元化现代融媒集团。

为什么布局ＶＲ？

作为在ＶＲ领域内先行动起来的领军者，最开始布局ＶＲ是出于什么样的战略考量？

目前视频领域的竞争已到了白热化程度，电信企业和互联网企业已纷纷抢占电视视频领域，并将之作为基础业务，这对我们广电网络企业形成巨大竞争压力，近年来我公司流失和休眠的用户增多。这使得我们必须采取新的有效措施，将广电优势（比如高清、超高清、互动、浸入的直播）发挥到极致，让IPTV、OTT等宽带传输的电视无法比拟。近年来兴起的VR，恰好天生为广电量身定制，我们必须抢占先机，将VR引入电视节目和广电网络中来。

就湖北广电网络而言，它与VR产业的结合有什么优势吗？

湖北广电发展VR的核心优势有以下方面：一是内容IP优势。我们拥有体育、演唱会、旅游、综艺、科普、微电影等电视直播内容和电视节目内容，可以和VR技术结合，在制作环节拍摄、缝合、拼接、压缩成VR全景式甚至互动式节目，并专门开通VR频道来播放这些内容。二是网络传输优势。广电网络带宽大，在传输高清晰度的视频文件时，下载、解码和传输速度更快、延时率较低，同时传输性能稳定、掉包率低，允许多并发流访问，在网络使用体验上优势明显，是宽带、互联网无法比拟的，更是让IPTV等望尘莫及。对于VR视频来说，一个更快更稳定的网络至关重要。VR视频多采用4K分辨率（达4096×2160），传输速率需60帧/秒以上，传输带宽需120Mbps，目前来说，互联网电视无法满足VR视频的传输要求，只有广电网络才能承载，这给广电发展VR创造了先发机遇。三是用户及服务优势。广电网络拥有固定的、有忠诚度的、较大规模的用户，有线网络覆盖了千家万户。

现有智能机顶盒本身就可以搭载VR应用，可以迅速地将VR内容分发给广电原有的用户网络，解决VR内容缺乏这一用户的痛点。

可以这样说吧，目前VR传输的所有"短板"似乎都是广电网络的"优势"。因此，我们内部经过认真研究、调研和多次探讨后，决定迅速开展广电VR战略，并将之作为湖北广电今后拓展产品和服务的重要"引爆点"。

今年湖北广电与北京光线传媒、杭州当虹科技签署了发展广电网VR产业战略合作的协议，除此之外，湖北广电在VR领域还有哪些布局？

湖北广电在2016年按照多元化发展的思路，大举布局VR生态圈，打造生态链。我们目前在VR方面的布局有以下几个方面。

首先，我们成立了威睿科技（武汉）公司，以专业化、市场化开展VR/AR技术的研发与应用、运营服务、技术服务、教育培训/咨询等业务。

其次，我们也与光线传媒、当虹科技签订合作协议，拟在VR节目内容、传输技术、VR体验设备等多个层面展开合作；并会同七维科技等搭建VR从拍摄发送到终端接收的环境；我们还与湖北卫视合作开展《我为喜剧狂》综艺节目、世界华人寻根节炎帝拜祭大典仪式等的直播，向互联网和广电网推送。这是我们在VR内容方向的布局。

再次，我们积极推动VR旅游的发展。与湖北省鄂西生态文化旅游圈投资有限公司签署合作协议，拟在VR线上线下旅游、旅游平台传播、旅游视觉设计和产品创新、资本投资合作等方面展开全面深入的合作。已经商定会同永新视博等将湖北景区拍摄制作VR片子，植入体验座椅，让游客线上体验。

行业的发展离不开专业人才的培养，为此，我们联合佳创视讯、华中科技大学软件学院等，签订合作协议，拟研究制定广电VR应用标准，开展VR人才培训和技术攻关。

同时，配合我们的文创园区战略规划，我们将在旗下的太子湖文创园创办广电VR实验室和创客，与相关领先单位发起设立VR产业联盟和产业基金，创办VR频道等等。

总的说来，通过实施VR"云、管、端"战略，在VR节目内容的制作分发、VR系统平台的建设运营、VR终端产品的研发推广，以及VR创客、人才培训、技术服务等方面，努力形成全产业链和生态圈，为全国广电网络市场的发展探索出新模式。

VR产业未来的布局与预期

湖北广电未来除了布局VR行业，还有其他的发展规划吗？

公司在深入研究和广泛征求意见的基础上制定了"十三五"

发展规划。

我们的战略目标是：努力打造资产和收入双百亿企业，成为"中部领先、全国一流"的"文化＋科技＋金融"、"内容＋网络＋终端"、"视频＋信息＋数据"的现代融合传媒集团和综合信息服务商。未来我们的业务格局是：视频服务收入占50%左右，数据服务收入占30%左右，金融投资和服务收入占20%左右，努力建设好全省广电网络"党网"，为"文化湖北、文明湖北"建设贡献力量。

林从孝：插上ＶＲ翅膀，"生态城镇＋"的起飞

　　ＶＲ技术作为一种全新交互技术，当它与棕榈的"生态城镇"战略结合时，就会发生一种奇妙的"化学反应"——这才是技术创新的魅力之所在。

——题记

受访人：林从孝　棕榈园林股份有限公司（简称"棕榈股份"）总裁

背景资料：棕榈股份创始于1984年，2010年在深交所中小板上市，在境内20多座城市以及中国香港、欧洲设立分支机构，

控股贝尔高林（香港）、对接欧洲等境外国际化资源，构建"生态环境"与"生态城镇"双引擎业务平台，助力中国新型城镇化与生态文明建设。

2016年年初，棕榈股份与和君资本成立"满天星"VR产业基金，用于投资虚拟现实和人工智能领域的创新公司，并于2016年5月投资乐客奥义，拟布局VR主题公园。

您是什么时候第一次接触了VR这个概念呢？体验VR设备时是什么感觉？

比较早，当时在香港一次偶然的机会接触到VR，很激动，预感到这种技术即将改变我们生活的方方面面，而且不太遥远，只是想不到技术发展得如此迅速。

前不久棕榈股份与和君资本一起成立了满天星VR产业基金，您是出于什么目的与考量成立的这项VR产业基金呢？

在我们看来，满天星VR产业基金不仅仅只是产业投资平台，更重要的是服务生态城镇战略的协同平台，通过这个平台，可以让我们更为全面、立体、快速地了解整个VR产业，从而找到与公司战略业务的协同点；同时也是帮助我们寻找适合收购标的的"过滤器"。举例来说，正因为通过满天星基金，我们看到乐客在VR娱乐方面的领先优势以及双方在VR主题公园领域的契合点，这才有我们后来投资乐客以及合资成立乐客奥义的举措。所以，棕榈股份选择了从产业基金切入VR领域，通过产业基金把握VR产业发展的最新脉搏，寻找匹配自身战略的优质资源进行产业对接，构筑自己的"VR/AR+"生态圈。

在您看来VR技术的发展会对生活和生产有些什么影响呢？

正如计算机、互联网的发展一样，VR正在深刻地改变人类的生产和生活方式，随着技术的进步，这一趋势正在加快。VR可以大大延伸我们的时空观，在我们传统的真实世界基础之上，实现与人类"创造"的虚拟世界的对接，这会衍生出无限可能，这种影响也将是深远甚至颠覆性的。就拿我们棕榈的生态城镇项目来说，在前期规划设计阶段，VR可以让设计师或者用户身临其境地感受其设计效果，非常形象，也非常直观；在后期运营阶段，如果VR技术应用到人们的教育、医疗、娱乐、购物、旅游以及社交等生活过程中，一方面将彻底颠覆现有的时空与距离观念，真正实现"天涯若比邻"；另一方面将改变现有资源不均衡的社会矛盾，让社会资源实现优化配置。可以想象，未来哪怕是在偏远的非洲，只要有VR技术，人们同样能够享受到全球最好的在线医疗服务。其他方面也是一样，这是未来令人期待的事情。

作为一家传统的上市公司，您认为棕榈股份在这场 VR 浪潮中怎样才能更好地与 VR 结合呢？棕榈股份在 VR 产业上还有哪些布局？您的关注方向又有哪些？

我们正处于 VR 走向消费级市场爆炸式发展的前夜，棕榈股份作为行业龙头企业，自然不会缺席这一波 VR 革命浪潮，通过 VR 产业基金提前进行产业布局，实时跟踪并把握 VR 产业发展的最新趋势，为我所用，推动 VR 技术与公司业务战略的协同应用。我们服务于生态城镇战略，通过满天星 VR 产业基金，按照"生态城镇 +VR+N"的模式展开产业布局，这里的"N"既包括传统建设端的规划设计和施工营造，也包括运营内容端的娱乐、文化、旅游和教育四大板块。比如娱乐行业，我们选择与乐客合作布局 VR 主题公园领域，在其他三个板块我们也在通过合适的项目探索 VR 产业布局，搭建棕榈股份自己的产业资源生态圈，为生态城镇提供关键的技术要素和产业要素。

在棕榈股份的"生态城镇"战略中与 VR 结合的畅想是什么呢？

棕榈股份业已建立起以"绿色、集约、民生、循环、低碳、智慧"为标准的生态城镇技术体系，而 VR 技术作为一种全新的交互技术，当它与棕榈的"生态城镇"战略结合时，就会发生一种奇妙的"化学反应"——这才是技术创新的魅力之所在。比如在规划设计上的应用，必将引领设计行业的方向；在文化旅游方面，结合VR技术，也可能在真实的场景之上融入虚拟空间，也就是我们正在做的VR主题公园项目，再如参观博物馆不会是一幅画、一段文字、一段解说这样的模式了，你可以亲身走到那个世界去，观察周围，与环境交互，听那时候的人在说什么，触摸真实的虚拟物体，或者完成一个游戏任务等等。有了VR技术，我们可以实现历史文化的沉浸穿越之旅，这将会是历史、文化、高科技与用户体验紧密融合的生态模式，带给用户完全不同的感官体验。

除了建立产业基金外，您提到棕榈园林也投资了乐客奥义，部署VR主题公园，能和我们详细说说主题公园的部署吗？

不久之前我们投资了乐客奥义，这是我们与乐客在VR产业对接方面迈出的实质性的一步，对于棕榈股份推动"生态城镇＋"战略与VR技术的产业对接、丰富生态城镇产业端内容具有非常重要的意义。

我们很期待进入VR主题公园这一全新领域。棕榈股份作为国内园林景观行业的龙头企业，在景观营造方面拥有显而易见的优势，这一点可以从与迪士尼长达十多年的合作得到证明。随着我们生态城镇战略的推进，再加上每年承接上千项传统设计、施工类项目，为VR主题公园提供了最为丰富的落地平台。并且大家也都可以看到，VR主题公园的建设除了硬件景观与设备的发展投入之外，还需要大量优质IP内容作为"软件"的填充，内容好不好直接影响了VR主题公园的发展可能性，而乐客擅长VR内容的建设，二者优势互补、强强联合，我们希望联手开拓VR主题公园这一较为空白的市场，推动VR主题公园的快速落地，真正使VR从虚拟走进现实。

刘宏伟：VR新闻——与百姓更贴近

VR技术走进大众视野不足两年，却呈现出了井喷式的增长，成为2016年互联网科技领域最火的高频词。我认为VR技术的加速成长和多方位应用在未来可深刻影响，甚至改变我们的生活和社会的发展，一场虚拟现实的大变革蓄势待发。VR第一视角的体验感让观众感受当时所反映出的历史事实，"亲临"现场，充分感受到VR内容中的人物和环境，从而建立起更为深刻的情感链接和深刻体验。

——题记

受访人：刘宏伟　新华网融媒体产品中心总监

采访背景： 新华网新闻VR团队是中国首个VR新闻事业部，设立在新华网融媒体产品中心下，职能包括新闻采编、视频拍摄、后期制作和市场运营四大板块，负责全网VR业务及"VR/AR"频道的运营、组织和管理工作。同时，对总网多个部门和地方分公司进行VR拍摄和制作的培训。目前，31个地方分公司都已配备VR拍摄设备和拍摄制作人员。

您觉得VR技术将给新闻传播带来什么样的影响？

目前在国内，用VR视角看新闻的方式可以说是对新闻报道方式的一种创新，而VR技术与传统新闻报道方式的结合，势必将带来新闻报道的一次革新。新闻从此不光是精准、迅速、客观，更多了直接、全面和代入感，从"获得"向"感知"迈进。

媒介从最初的口口相传，到文字报道，再到20世纪兴起的图片、声音和现在的视频，我们看到的内容形态越来越丰富。而如何真实、生动、全面地传递信息一直是我们新闻工作者孜孜不倦的追求。随着VR技术的兴起，VR技术的"3I"核心特征，带领受众以第一视角去真正感知新闻发生时的现场感，使我们发现VR在新闻报道上大有可为。其优势在于全新沉浸式观感、交互式体验，得以还原新闻事件现场，让受众真正感受到"在现场"的参与感和"我看见"的真实性。此外，360°全方位视觉体验让新闻报道的本质在VR技术的协助下可以说有了更全面、更真实、更客观的呈现。全新的视觉体验，让你身临其境，更好地了解事件发生的全过程。这一切都为了更好地与百姓贴近，让百姓不再是像往常那样仅仅通过文字、图片和声音来了解新闻现场，而是在全方位、大角度、宏观视角下来感受新闻现场。开放的全视角更适合捕捉新闻的现场氛围和宏观景象，帮助人们获得全面的一手信息。但它的这些全方位、大角度的优势，也为VR的新闻报道带来了相应的潜在危机。而且与文字、图片和视频这三种内容形式广泛的适用性不同，VR新闻是有局限性的，即不是所有新闻报道均适合VR。事实上，大多数场景并无必要采取VR报道——制作和阅读成本更高、速度更慢。VR报道在这个时候就无法体现优势。

新华网是从何时开始接触VR的呢，是因为怎么样的契机呢？

新华网对VR的接触，始于2015年乌镇的世界互联网大会上，看到了诺基亚的OZO相机，其拍摄技术和表现形式使我们感受到了很大的震撼，使我们看到了未来媒体市场的发展方向，在新华网领导的支持和带领下，我们便开辟了VR报道新闻的新道路，我们认为这会是一次新闻全媒体融合理念的成功实践。于是，早在2015年年底，新华网便开始进行VR的布局，开始小范围地学习VR拍摄技巧，尝试多样的报道形式。到了2016年"两会"期间，我们成立了第一批VR报道团队。经过半年多的努力，新华网PC端和新华网官方客户端《新华炫闻》App上都已经开通了"VR/AR"频道。

后来你们率先使用VR技术，用于播报"两会"，能跟我们分享一下其中的故事吗？

对于"两会"这样重要的全国性大会，既是一次对新华网VR团队在全国媒体、观众面前的成功展示，也是对"两会"报道方式的一次全新变革。我们在"两会"上推出的《测测你能不能当好"两会"记者》节目，网友可以选择身份，通过"总理、省长、群众、记者、外宾、黑衣人"6种人物身份的换位，来体验不同角色在不同位置上对于会场内部的视角感受。网友可以在不同身份的视角里，游览"两会"新闻中心的建筑结构和每个会场，甚至是楼梯、走道和任何一个想去的角落。的确，360°全景切换不同"身份"的独特视角，足以配得上"神奇"这样的形容词。网友甚至可以"站"上主席台，体验总理作政府工作报告时的"最佳视野"。这不仅拉近了普通读者与"高端神秘会场"的距离，也降低了常人难得一入的人民大会堂的参观门槛，让VR全景报道更接地气。除了常规的VR报道"两会"节目，我们还将VR技术与"两会"记者采访进行深度融合，推出了《VR视角看"两会"》系列新闻节目。新华网在"两会"报道期间，从各个维度、各个方向都拿出了我们自己对待新闻的态度和对待受众的诚意，也达到理想的传播效果。以《测测你能不能当好"两会"记者》VR 视频节目为例，在微信平台上一上线 3 分钟其转发和阅读量迅速破万。"两会"有关报道专题访谈、虚拟演播室等，也都是很受欢迎的作品。新华网融媒体中心因此获得中国网络视听协会评选的 2016 "两会"视听新媒体优秀原创视频报道奖和 VR 新闻优秀佳作奖。目前我们已制作了几十集的 VR 视频节目，包括上述的 VR 报道新闻，还有 H5 全观感部长通道。这些 VR 节目在新华网和《新华炫闻》上都有发布。

除了 VR 报道"两会"之外，新华网在 VR 方向还有什么布局呢？

新华网在不断探索更多表达新闻本质的有效传播方式，在创新新闻报道的道路上希望可以越走越远。与此同时，纵观业内对 VR 内容的需求日益增大，新华网将不断加大原创制作力量，除了全网 VR 事业部的日常投入外，我们还利用新华网在全国 31 个地方设立的分公司资源来加强 VR 新闻报道。未来我们也将着力培养这些分公司独立制作和报道 VR 新闻的能力，在新闻事件发生的第一时间出现在事件现场。希望我们的实践可以为整个新闻行业提供更多的帮助和借鉴。今后，无论是"网媒"记者还是"平媒"记者，都不再是单兵作战，也不再是此消彼长和物理性结合，抑或是生硬嫁接。在"融媒体"时代，我们要加快推动自己从一名图文编辑记者"转型升级"成为融媒体记者。不再是做简单的图文稿件，而是深入到行业内部去做调研，撰写行业报告，让自己成为这个领域的专家，更好地为这个行业发声。

新华网对未来发展ＶＲ有什么展望？

VR技术与新闻结缘所产生的化学反应——沉浸式全景体验，呈现给用户和受众一种全新的视听感受，将过去平面式的新闻报道提升到了新的维度。我认为VR技术的加速成长和多方位应用在未来可深刻影响，甚至改变我们的生活和社会的发展，一场虚拟现实的大变革蓄势待发。VR第一视角的体验感让观众感受当时所反映出的新闻事实，"亲临"现场，充分感受到VR内容中的人物和环境，从而建立起更为深刻的情感链接和深刻体验。所以我们在制作VR新闻的过程中，不要一直抱有固有的视频新闻制作思想，而要让VR技术本身也能在融媒体新闻作品中得以升华。这样，一方面，受众在新闻接受的方式上有种全新的体验；另一方面，也提醒受众在这些精心策划的节目与报道背后，除了炫酷有趣的技术外，新华网有着更大的目标与更多的心愿。

李捷：VR打造下一个内容生态帝国

不同于互联网视频主要依靠广告变现，内容付费将是
VR内容的主要商业化模式。

——题记

受访人： 李捷　合一集团高级副总裁

采访背景： 合一集团旗下业务由互联网视频平台优酷和土
豆、自频道生态体系、合一影业、合一文化、云娱乐、创新营销
与合一创投组成。

目前，优酷、土豆两大平台月覆盖5.8亿多屏用户，支持
PC、手机、平板电脑、电视等多个终端，兼具版权、自制、电
影、自频道等多种内容形态，业务覆盖内容生产、会员、游戏、
用户运营、支付、视频营销和智能硬件，贯通内容合作、制作、
宣传、播出、营销以及衍生商业和粉丝经济。

互联网与VR，早期将互补

您是什么时候开始接触VR的？那时候就看好这个行业吗？

VR是我们公司CEO多年前就体验过的技术概念，但我们董
事长觉得一直不成熟。直到2015年他的一次美国之行，发现当

时 VR 已经有爆发之势，回来后我们就开始了 VR 的全面拓展。因为我负责新业务的战略推广，于是我第一时间跟进。在了解了一圈相关的硬件厂商和内容开发商后，我觉得 VR 在技术和内容等方面已经做好了准备，到了爆发的前期。

您觉得 VR 会取代手机成为下一个综合计算平台吗？

我觉得短期来说，与其说取代，不如说 VR 会和手机同步发展。实际上 VR 这个概念 20 年前就有了。这 20 年里，一些技术问题得到进一步解决，为 VR 走入商业市场创造了条件。而另一方面，我觉得正是移动设备的崛起，给移动 VR 带来了巨大的机遇。一体机和 PC VR 相对来说还是比较笨重，并不方便。即使技术成熟，但这种造价昂贵，并且携带不太方便的设备，更偏向于小众产品。正是因为手机屏幕和处理器的发展，使得它可以支持 VR，让 VR 在客户端市场爆发创造了条件。VR 如果不能在消费端达到很高的覆盖率，而只是一个小众领域的电子玩具的话，它本身不会这么引人注目。移动 VR，比如三星 Gear，只要你有一个手机和一个价格合理的设备，就可以体验 VR，这使得 VR 能够像手机一样普及。所以你问我它会不会取代手机，我觉得暂时来说不会。它和手机更像是一个相互补充的关系。

合一集团在互联网、移动互联网时代，都是最大的视频内容
与分发平台之一，现在大力布局VR内容生态，您觉得它和手机
的内容生态会一样吗？

完全不会。这和它们两者本身的属性有密切的联系。因为手
机的属性是它能够利用碎片化时间，我们使用手机的时候，通常
在做别的事。所以手机内容的特点是轻量。但VR不一样，你进
入VR的世界中，基本上就和真实世界隔离了。这使得VR的使用
场景和手机非常不一样。我们现在都习惯边吃饭边看手机，戴着
VR设备，很难这么做；但比如在飞机上，VR就非常适合使用。
VR内容是强调沉浸感的，它是一种重体验。

在商业模式上，两者会相同吗？

不会，准确地说，至少和早期的互联网视频内容的商业模式
不同。我们觉得VR视频内容的主要商业化模式将是用户付费。
其实，现在各大传统网络视频平台的用户付费都在增长，生态正
在发生变化，这主要得益于盗版问题和网上支付的改善，用户越
来越愿意为优质和差异化的内容买单。另外，VR视频内容在付
费上还有一些先天优势。一是因为VR视频内容的用户参与感很
强，像游戏一样，能够直接刺激用户付费。二是它有很多增值服
务的空间，即使一个短短的10分钟的VR内容，也可以玩出很多

花样，实际上能包含 100 分钟的内容，创造了很多增值服务的点。

合一集团希望怎样去打造 VR 内容生态？

我们现阶段的任务就是做好 VR 内容和分发平台并快速持续地进行产品优化。围绕 VR 内容和平台，我们将重点着力以下三个方面：VR 内容及制作资源整合、培养用户认知和体验、商业化及变现。

合一在内容方面将采用合作为主自制为辅的策略，在过去的一年多的时间里，我们几乎接洽了所有全球领先的 VR 内容工作商。大家会很快看到阿里巴巴及优土在 VR 内容上的巨大投入。同时优酷自有 IP 及自制综艺全部推出 VR 内容，利用原有流量优势，提升用户对 VR 视频的认知和体验。在商业化方面，我们有两个层面的战略，一是我们推出"合+"计划，打造一个硬件开放平台，为所有 VR 拍摄和播放硬件设备提供 SDK，来提供一键上传分享至优酷、广告接入及支付、边看边买等服务；将天猫电器城的流量和优酷流量相结合，为硬件合作伙伴提供视频营销及电商转化模式。二是视频内容的商业化。像前面提到的，我们认为 VR 很可能不会像传统内容那样经历广告模式，它一出现，可能就会是会员模式还有内容观看付费模式。如果内容体验真的做得好的话，在直播互动、电商、游戏道具方面的变现能力会大大超过传统视频的内容。

VR更适合强体验的影视内容

合一集团目前参与了很多VR内容的创作，您觉得VR视频优于传统视频内容的地方在于？

我觉得是否优于，也要因电影题材而异，像爱情片、故事片拍成VR，至少在早期是没有太大必要的。VR影片的拍摄制作成本很高，并且目前仍在探索阶段，制作一部VR影片，即使是短片都非常耗时耗力，要克服非常多的困难。在付出如此高成本的前提下，却只能有限地提高观看体验，是不划算的。但相对来说，将VR技术应用在美女视频、科幻片、恐怖片等题材上，因为它的视觉冲击力、在场感和互动，对观影体验的提升是前所未有的。

不同于传统影视内容，目前大多数VR都是短片，您觉得以后会出现VR长篇电影吗？

会，我觉得未来会出现一部杀手级的VR影视作品，然后真正的VR影视才会爆发，也会因此建立一套完整的VR电影标准。就像在《阿凡达》之前，3D电影更像是直接从2D电影导过来的，3D技术其实很鸡肋，大家不知道怎么用。但《阿凡达》改变了这种情况，它从一开始，就为3D电影设计，最后像一本3D电影教科书一样，告诉电影界，3D技术如何和电影结合，并证明了这种技术对电影体验的革新意义。对于VR技术，更需要一部《阿凡达》，它从创作到拍摄甚至到观看都和传统影视有巨大的差别。大家都在探索试验，目前没有找到很有效的一套标准，但到某一个点，一定会有一部作品，像《阿凡达》一样，定义VR影视，并作为一个范本启发更多的优秀作品，那个时候，也是我们认为的真正的VR影视市场爆发的时候。

您觉得这个杀手级的内容会在什么时候出现？

我觉得VR内容的发展要经历三个阶段。第一阶段是游戏及现场综艺、直播、全景短片，在15分钟以内，会在2016—2017年下半年全面兴起，特别是直播，VR直播是第一波掀起来的内容；第二阶段是纪录片、全景长片和微电影，15分钟至一个小时，因为目前拍摄和特效制作技术还没有办法支撑规模化的长片出现；第三阶段是在两年到两年半之后，会真正出现完整意义上的长篇，也就是电影和电视剧。在那个时代，VR会进入一个非常普遍的成为替代手机或者说补充智能手机的一个观看阶段。

那您觉得这部电影会具备哪些属性？

我觉得这部电影极有可能是科幻片，或者科幻动画片。如我之前所说，VR对科幻类题材的艺术表现非常有价值。同时动画片因为不需要真人拍摄，在制作难度上相对低一些，所以在早期，VR动画片的发展可能要快于真人拍摄的影视作品。

但我觉得互动一定是未来VR视频的标配。以后在电影院，你会看到大家戴着头盔比画着不同的手势，有不同的身体动作，现在也已经有这样的影院了，叫VR电影院。

VR给UGC/PGC带来全新的生命力

我们知道，合一集团作为视频平台，和其他平台不同的独有基因就是它其实是一个鼓励大众参与的平台，产生了非常多优秀的UGC（用户生产内容）/PGC（专业生产内容）内容，你怎么看VR生态中的用户参与？

首先，我觉得UGC/PGC对于整个VR生态仍然是至关重要的。但UGC和PGC的发展曲线会不一样。首先是PGC，我觉得至少在中国，PGC将是VR影视早期发展的主力军。我们接触到的第一批VR影视团队，很多都是独立创业团队。他们多数有在传统影视公司工作的经验，然后自己出来创业。因为VR影视是一个很新的领域，市场门槛相对较低，发展空间更大，对创业团队来说是一个很好的方向。

虽然大的出品方和制作团队都在VR上布局，但他们的灵活度和对技术的快速适应，在早期不如创业团队。合一集团也和许多PGC团队合作，为他们提供资金支持和快速变现的方式，支持他们创作更多更好的VR内容，共同打造VR的内容生态。

然后我们看UGC。UGC目前来说发展还比较困难。因为还没有一个普及的客户端拍摄设备。但未来我觉得一定会出现一个和iPhone拍照一样简单的VR拍摄设备，方便客户端用户制作VR视频内容。另外，VR的UGC内容形式也将区别于移动互联网时代的视频内容，后者更多的是以段子、搞笑为主题，这和手机占用我们碎片化时间的自身属性有关。但VR的强体验属性使得它更适合于例如户外探险、极限运动等更具有体验冲击力和沉浸效果的内容，这或许会再次改变互联网的文化生态。

结语
正在展开的平行世界

何为真实？何为虚拟？

我们的世界是怎样的，我们如何认识它并与它交互，这似乎是人类一直以来努力探索的方向，也因此在社会的演变进程中产生了哲学、宗教，甚至是科学。真实与虚拟，一直是一对相对存在的理论，我们在虚拟现实技术的核心理论里所提到的虚拟，则是相对于客观现实存在而言的虚拟。

但究竟什么是真实，什么是虚拟呢？从经典物理学的维度来看，人类最早乃至于现在所谓的真实，指代的是我们人类五感所及的世界。然而，我们感知不到或感觉不及的世界，是不是就不是现实的？对于这个问题，知名物理学家霍金曾经在自己的《大设计》里面提出了鱼缸理论：假定有一个相对独立的空间，例如鱼缸，里面的金鱼透过弧形的鱼缸玻璃观察外面的世界，这些金鱼里，恰好有一个金鱼物理学家，它归纳观察到鱼缸内的现象，并建立起一套"金鱼物理学"，里面的物理定律能够解释和描述金鱼们透过鱼缸所看到的外部世界，这些定律甚至还能够正确预言外部世界的新现象——总之，完全符合人类现今对物理学定律的要求。霍金相信，这些金鱼物理学定律，和我们人类的物理学定律一定有很大不同，因为我们的真实和鱼儿眼中的真实也有很大不同。例如，我们所见的直线运动很可能因为光的折射在"金鱼物理学"中就表现为曲线运动了。这种差距让真实变成了一种相对性，而非绝对。于是霍金提出疑问：这样的"金鱼物理学"可以认为是正确的吗？金鱼在圆形鱼缸里看到的世界，跟我们在鱼缸外看到的，哪一个更真实呢？如果将鱼缸理论推己及人，那我们所谓的真实世界，难道不会是另一个更大的鱼缸吗？我们要如何证明自己一定是生活在一个真实的世界里，如何证明我们不是像《黑客帝国》里那样，仅仅生活在一个计算机虚拟的世界中？

　　按照我们从小受教育时就被持续灌输到我们脑袋中的理念，"金鱼物理学"肯定是错误的。因为它与我们今天的人类物理学定律相冲突，而我们的人类物理学定律一直被认为是"符合客观规律"的。但实际上我们所认同的"客观"仅仅是我们当代人类所观察到的外部世界，它与金鱼看到的世界，或者来自前代人类物理学家看到的世界，其实本质上没有区别。我们所认为的错误，只是投射到不同个体上产生的不一致。所以霍金问道："我们何以得知我们拥有真正的没被歪曲的实在图像？……金鱼的实在图像与我们的不同，然而我们能肯定它比我们的更不真实吗？"

但关于真实和虚拟的探讨，起源远早于霍金。古希腊的哲学家在公元前就对此有所论述，其中的代表就是柏拉图和他的弟子亚里士多德。柏拉图认为"共相"即我们理性（知）抽象出来的关于世界的普遍概念是具有客观实在性的，它是基于真实存在的世界产生的。但亚里士多德却修正说，他认为概念中的个别事物才是真实的，共相虽然具有知识上的客观性，却需要以个体接收者为基础，不能脱离个体而独立存在。后来柏拉图的学说成为中世纪唯实论的基础，主张一个绝对真实客观的存在，而亚里士多德"共相不离个物"的观点，成为唯名论的基础，主张真实是相对个体存在的。

随着科学理论的高速发展，虚拟与现实之间的鸿沟因此也开始变得模糊，物理学尤其是量子物理学的形成，让唯实论的地位正变得岌岌可危。

在经典物理学中，牛顿体系能非常准确地描述我们的日常体验，对"物体"、"位置"之类术语的诠释也在很大程度上与我们的常识（即我们对那些概念的"现实"理解）相符。然而，人类如果将自己作为测量世界的工具，是非常粗糙和不精准的。物理学家早已经发现，我们日常所提及的"物体"以及令我们看到它们的光，都是由我们无法直接感知到的物体（如电子和光子）来最终构成的。这些物体并不符合经典物理学的规律（即基于我们日常体验的物理规律），于是有了量子论的诞生。量子论似乎用新的规则构建了一个新的世界体系，尽管在经典物理体系看来，量子论描述的世界虚无缥缈，但它却为我们展开了一个五感难以触及的世界，这个世界中的"现实"与经典物理的"现实"截然不同。在量子论体系中，粒子既没有确定的位置，也没有确定的速度，只有当一个观测者去测量那些量时，它们的值才会确定。有些情况下，单独的物体甚至无法独立存在，只能作为整体的一部分。量子物理还极大地挑战了我们对"过去"的认识。在经典物理中，所谓的"过去"就是一系列已成为历史的明确事件，而在量子物理中，"过去"是不确定的，过去的存在取决于未来怎么测量它。举个简单的例子，你曾经很爱一个人，但因为一些原因分开了，后来你的人生经历了许多事情，也许你遇到更爱的人，让你对爱的认识发生了变化，于是你重新思考这段过去的感情时，你觉得那根本称不上爱情，于是"你爱他"的过去不复存在了；但也可能后来，你对爱的理解没有变化，你仍然视他为你最爱之人，并一直怀念，这时你和他的过去仍然是以"你爱他"而存在的。但无论怎样，你可以看到，因为未来测量方式的变化，"过去"是在被改变的。我们以为确凿发生的"过去"实际上仅仅是一系列事件发生的可能性，跟"未来"没什么两样。甚至连作为一个整体的宇宙，都没有一个明确的过去，或者说历史。因此，量子物理暗含了不同于经典物理的另一种"现实"——即使经典物理与我们的直觉更相符。

这些理论，为诠释现代科学提供了一个重要框架，即"现实"不可能脱离图景或者理论而独立存在。于是，一种新观点逐渐被采纳，它被称为"取决于模型的唯实论"。这种观点认为：每一个物理理论或世界图景都是一个模型（通常本质上是一个数学模型），是一套将模型中的要素与观测联系起来的法则。按照"取决于模型的唯实论"，追问一个模型本身是否真实没有意义，有意义的只在于它是否与观测相符。如果两个模型都与观测相符，那就不能认为其中一个比另一个更加真实。这为虚拟现实技术的普及奠定了哲学基础。因为逻辑上，如果我们建立的一个可感知和测试的世界，并在五感的维度来模拟人类的体验，那么很大程度上它可以成为一个平行的世界，即在我们眼里相对真实的世界。在这个前提下，虚拟转为现实变成了可能，或者说虚拟与现实的边界会变得模糊。

重新构建的时空，虚拟和现实的交融

　　科技是高增长的基石，人才创意是发动机，但社会的包容是燃料，三者合一，孕育出共同学习、共同迭代，让新观

点引向新洞见，有升级增值力、有协变力的社会，才能享受
连续链良性循环的红利。

——李嘉诚

　　哲学家笛卡儿提出了身心二元论和机械论。在二元论中，他
指出心与身是两个独立的实体。身体接受到的感知是不真实的表
象，直接将其等同于事物存在的本质是值得怀疑的，唯有心灵所
感受到的清晰明确的事情才是真实不可怀疑的，然而身、心的感
知是混杂在一起的，需要借助心灵中的理性加以分析和认识。而
心灵感知真实的能力由上帝赋予。而在机械论中，自然被描绘成
一台机器，一部如同齿轮一样的装置，按照机械规律进行运转。
但它忽略了事物的特点和发展，把事物看成不变的静止的存在。

　　纵观数千年的历史，我们会发现，无论哲学、科学与宗教，
本质上都是一种宇宙观的表达，它们的终极指向都是对宇宙的根
本性和统一性的探讨，当你重回 2500 年前西方物理学诞生的起
点，你会发现它的前身依然是古希腊神秘主义哲学，科学与宗教
尚未分离。但随后二元论与机械论的宇宙观在西方的产生，一方
面推动了经典力学和技术的发展，另一方面也割裂了物质与精神
的联系，也由此产生了一系列以此价值观为轴心的后果（比如它
让人失去对自然的敬畏之心，肆意掠夺和破坏，造成了现在的生
态危机）。

　　但与此相对的，东方世界持传统宇宙观的人则是显著的有机论者，他们认为可以感知的物体和事件本质上是具有一定联系的，它们只是在统一的本质下的不同表现和表现的不同方面而已。人为地把自然界分割成独立的客体并不是根本性的，宇宙是一个不可分割的存在，它永远在运动，具有生命，是有机的，是精神，同样也是物质的。

　　量子物理的发展，乃至统一场论的发展，让西方物理开始回归有机论的主体，它揭示出，当我们深入物质内部的时候，自然向我们展示的并不是一个孤立客观的基本结构单元，而是包含了观察者在内的，由部分与部分之间的关系构成的复杂网络系统，而观察只是这些关系呈现的最后一个环节，因此对自然界的描述，古希腊的"概念"并不真正具备依据，而观察客观世界时，也无法在自我与世界之间、观察者与被观察者之间做简单的"笛卡儿"分割。它更像是霍金提出的鱼缸理论——这世界上永远没有绝对真实和绝对虚拟的鸿沟，你所在的时空和你的观察决定了你所在世界的规则。霍金的理论，在一定程度上也可以理解为平行空间的定义，强调了空间之间的对立统一的有机论，而这也在一定程度上给虚拟现实创造了一个与众不同的未来。我们可以想见，哲学、科学与宗教所一直探索的真实和虚拟的边界，基于此产生的各种理论和宇宙观，将在这个平行空间里融合，成为另一种可能。我们可以超越时间与空间，以感官所及的方式来领悟和感知一个既现实也虚拟的时空，它既如此真实地影响了现实的人，同样也构建着它自身的虚拟规则。

当时间进入 21 世纪的初叶，认知科学、神经科学和脑机交互科学开始强力发展，感知信号的 I/O 设备正变得更加便携与小巧，虚拟现实的终端设备将实现持续不断的快速演进。在我们所及的未来，大银幕中的矩阵（matrix）世界也将越来越会成为可能，如果平行世界被建立起来，那么通过脑机的 I/O 系统，人类可以实现将五感沉浸于虚拟的世界中并与现实实现平行空间的交互。这个平行世界，将会成为人类交互分享的另一个空间。它充分模拟现实世界，但由独特的规律和法则，人类的精神世界在其中延伸扩展，逐步蔓延形成虚拟的经济文化生态体，甚至最终成为人类的另一个感知的家园。而这样的时空则在不断地复制，个体的社会关系将伴随着空间的丰富，可以在多个时空中以极低的成本实现交错迁徙。

进一步来看，这会是一个与众不同的世界，虚拟出的现实的感觉将忽略时空的既定规则，让社会化的交互更加密集频繁且更具有体验性。虚拟现实本质上是一种时空关系的交互技术，更像是我们对于宇宙统一场论的一种实践，在互联网产业近 20 年的发展基础之上，这个时空加速器会让社会关系的交互和创新进入一个更为高速的迭代期，即信息文明 3.0 的模态。依托于虚拟现实技术的成熟和完善，未来每个人都将有可能依据自己的兴趣爱好来选择不同的沉浸时空维度，并在这个时空里把每段体验与交互的过程形成创新文献并以知识的形式有效地沉淀下来形成价值，而无数无限接近现实的虚拟时空阵列会让我们难以区分虚拟与现实的差别，当海量的虚拟时空被创造的时候，或许马斯克的那句："未来我们活在真实世界的概率可能只有十亿分之一的预言"会终成为现实。

　　历史上，社会的重大发展动力都是生产力和生产关系高速迭代的成果，我们虽然很难用预言准确地描述未来世界的样子，但如果人工智能是探索如何模仿人的技术生态，那虚拟现实更多的是决定如何影响人乃至于人与人关系的技术生态，我们可以肯定的是泛虚拟现实技术在不远的将来将深入社会生活的方方面面，以提升社会交互效率为目标来实现信息感知体验的独立空间或者是与现实世界交互的无缝融合，实现了对抽象的生产关系的高速迭代。随后的人工智能产业将紧随其后全面推动生产力的发展，二者此起彼伏，继而形成生产力与生产关系高速循环发展，人类社会将由此迈入下一个高速、文明的发展期。

后记
写在未来到来之前

作为下一代计算平台和信息文明 3.0 阶段的重要的互联网新型应用，虚拟现实及其关联领域所承载的是一个异常庞大和系统的产业，它在移动互联网产业充分发展的基础上强调了更为综合化的应用体验。虽然 VR 产业已经经历了数十年的艰难建设期，但无论是互联网还是传统产业，要真正进入"虚拟现实 +"的业务领域，目前还是一个充满挑战的过程。这是因为，一方面，传统产业理解和适应新鲜事物需要一定的时间；另一方面，互联网从业者理解虚拟现实的体验模式、参与产品建设尚需假以时日，人才知识结构欠缺与人力资源罅隙构成了虚拟现实产业化在各方面对接资源时的掣肘。

在这个艰难的建设时期，虚拟现实的产业开拓者们，一方面需要秉承开拓创新精神，在商业模式和变现的应用领域寻找机遇；另一方面则需要在跨行业、技术应用及 VR 体验方式等领域

完成系统性的探索。相对于海外资本对产业的认知和建设期系统
的投入，国内逐利的资本市场显得耐性不足，这使得在目前的阶
段，社会关注虚拟现实概念是大于产业本身的，资本倾向于高估
技术的短期效能，低估它的长期影响力，这在虚拟现实领域尤为
突出。

当下，资本更多的是在观望，即使关注，也是关注率先形
成商业能力的硬件和内容，却很少关注产业链的重要衔接点的建
设。但不可忽视的是，唯有对产业链进行系统建设，VR 产业才
可能持续发展，并最终成就一个闭环。

从去年年初到今年年中，资本从"不知道何为 VR"发展到
"热捧 VR"的概念，这是一个积极建设产业的信号，但也难免体
现了投机性的一面。对于虚拟现实产业发展，真正关注产业发展
的产业基金，将是产业推动的重要工具。因为它可以结合资本的
驱动力和全局化的思维，关注产业创新人才培育，关注互联网与
传统行业的罅隙的弥合，关注重要技术的构建、有效的资源配置
和帮助生态企业之间的系统性融合，帮助承担重负的产业开拓者
实现跨越性的成长。这些都是为尽快打通闭环，形成产业自身供
血提供的卓有价值的支撑。

尽管跨越了漫长的技术成熟曲线（Hype Cycle for Emerging
Technologies）的多半程，虚拟现实仍处于产业复苏—成熟的发
展早期。但技术的演进有它的惯常形态，根据以往 PC 产业到互

联网乃至移动互联网产业的发展，可以大致看到虚拟现实产业的发展地图。只是相比它的前辈们，这个地图更为庞大，更为复杂，连接网络虚拟空间与现实空间的特质更为显著。基于可视化网络商业系统的判定，未来我们将更深层次地进入视觉经济的时代（即眼球经济的世界）。视觉是人类最强的感知入口，也代表关注力和影响力，而所见即所得的高效信息化服务是下一代互联网平台的重要业务特征。另外，从商业模式上看，未来视觉停留在事物上的时间在很大程度上将成为衡量商业价值的重要标准。这一点，我们在今天互联网热潮中已可见一斑。虚拟现实产业深度放大了这种商业特征。毋庸置疑的是，3R在这个新商业体系内将呈现更大更深远的作为。

进一步来看，在这一轮全球化创业热潮中，华裔最优秀的创业者们与全球的优秀创业者们几乎站在同一"纬度"。相比PC产业和互联网，中国这批参与全球新兴科技创业领域的人才，将有机会站在潮头引领这次产业发展。而中国广阔的市场空间和商业模式创新力，都将成为VR产业的强力引擎。在过去短短一年多的时间里，中国的产业创新者和开拓者以卓越的战略思考和资本市场工具，将产业化的中心逐步有序地牵引至中国本土，在这个进程里，大量的优质产业链资源生态，诸如好莱坞的内容公司和硅谷的科技公司，乃至海外资本也开始关注中国市场的机遇和合作机会。重要的战略资源被牵引到国内，带来了更多横纵向发展的机遇。这些都将为中国文化科技发展以及创新体系的建设带来更多的可能性。作为这一轮产业的早期创业者，我们深深地期待我们的努力可以更大程度上推动中国科技与文化的融合性发展，期待中国作为主体引领全球化科技文化创新的梦想可以逐步成为现实。

2016 年是虚拟现实的元年，也恰逢中国经济处于经济结构调整的阵痛期，在这个历史周期中，VR 产业面临的是重大的发展机遇和极为严峻的挑战，产业的开拓者在迎来曙光之后，仍然面临着前所未有的艰难。VR 从某个维度来看并不是一个简单的产业，它像互联网一样，是一次系统的变革，并与传统产业融合形成社会变革的更大动力。新一代的虚拟经济之争的号角已经吹响，在全球产业经济即将迈入下一个纪元的前夜，我们期待卓有远见的 VR 人和我们的生态伙伴能够精诚合作，共渡难关，协同愿意推动资本创新和政策创新的中国生态合伙人，一起来创造一个虽然虚拟但却更加真实的明天。未来已来，愿更多有志于这个产业的创新者与我们共同创造 VR 事业的未来。对我们和我们的合伙人而言，这是值得我们奋斗终生的事业。

致谢

    "虚拟现实"的概念在这本书出版之际，已经非常火热，作为在全球虚拟现实领域的早期从业者，许多人会问我们，这是一把真火还是虚火。在我看来，与其说它是一把火，我觉得它更像漫山遍野的新绿：野火烧不尽，春风吹又生。虚拟现实的发展，从概念提出到现在，历经多次起伏，技术瓶颈始终存在，也遭遇了许多质疑。但在外界一致不看好的时候，也总有一部分人，踽踽独行，倾注心力，执着于使它成为现实。经历了复苏期的技术储备，这个庞大的生态产业终于实现了跨越式的成长。我们作为虚拟现实近 10 年发展历程的见证者，有幸目睹了这一别样的风景。

    为什么我们这么着迷于虚拟现实呢？米兰·昆德拉在《生命不可承受之轻》里提到了一个人生的悖论，他说："我们的生命只能存在一次，这意味着我们既不能把它与以前的生活相比较，也

无法使其完美之后再来度过。没有比较的基点，就没有办法检验
何种选择更好。我们经历着生活中突然面临的一切，毫无防备，
就像演员进入初排，如果生活的第一排练便是生活本身，那生活
有什么价值呢？"

　　但在虚拟现实的世界里，我们的人生获得了第二次选择的机
会，我们可以去体验一个更好的世界，去成为一个更好的自己，
甚至去创造一个更好的人生。即使没有更好，但在有限的生命
里，得以经历另一种生活，也是生命的延伸。

　　当然这说远了。就短期而言，虚拟现实和娱乐结合，能够带
来更好的体验，创造更多的快乐。虚拟现实融入工业化进程，实
现制造业升级，提高了生产效率。在向医疗、教育等领域的渗透
中，虚拟现实提升了知识资源应用的体验，学习方式更简单便
捷，降低了时空成本。就像美剧《硅谷》里的技术精英致力于通
过自己的技术让世界变得更好一样，我们推动虚拟现实产业的发
展，也心怀如此的愿景。

　　因此，我们在这个产业元年成立了全球虚拟现实与人工智能
产业千人会，拟围绕产业发展，从当前的技术突破、生态建设和
市场开拓入手，促成有建设性的信息交流、资源整合和协同合作
关系。我们希望借助千人会的力量，将来自学术、研究、产业、
商业、监管、资本的力量汇聚起来，给从业人员和社会相关人士
创造一个相聚学习的平台，共同探讨、协商、合作，最大限度地

推进产业良性健康发展。

出版本书，也是希望推出一本"普及读物"，为行业从业人员及关注未来社会发展的各界人士提供可参考的权威信息，推动社会大众对"虚拟现实+"的认知和进一步探索。

本书的完成，源自和君资本VR产业基金团队成员、清华大学中国产业发展研究中心虚拟现实和人工智能产业研究院、IDEALENS团队的共同努力，尤其要感谢魏绪、刘天成、唐宏健、蒋佳利四位在图书调查研究和编写修订过程中的巨大贡献，同时也要感谢舒曼、胡卓桓、崔雪源、宋晓添、李丹等同事提供的第一手信息和资料，以及艾宪、谭雪娇、黄珂雯、董亦尘、郭梦瑶、韩旆、张晔、闫诗雨等同事帮忙梳理信息。和君资本、清华大学中国产业发展研究中心虚拟现实和人工智能产业研究院的各位领导和同事也给予了莫大的支持和鼓励，特别要感谢金章育先生和易阳春先生一直以来的鼓励和支持，感谢清华大学中国产业发展研究中心主任焦捷教授的支持和关怀及为本书的编撰提出的方向性指导意见。还要特别感谢郭珊珊和李学怀，为本书的修订做出了重要贡献。此外，本书在写作过程得到了杨芊女士、杨君慧女士、王鹤澄女士、高晓明先生、周流先生以及我的清华班主任钱小军院长的关怀和帮助，在此，请允许我向你们致以最诚挚的谢意。

本书在编写过程中采集了虚拟现实领域各位专家和从业人员

的专业知识和核心观点,我要特别感谢中科院的封雷老师、逍遥光影的联合创始人曾筑娟女士、豆娱VR的创始人及CEO秦凯先生以及清华大学新闻与传播学院研究生林孟贤先生向我毫无保留地分享他们的见解和经验。同时还要感谢棕榈股份总裁林从孝先生、湖北广电董事长兼党委书记王祺扬先生、合一集团高级副总裁李捷先生、原奥飞影业总裁苏志鸿先生、华数传媒董事长助理卓越先生、新华网融媒体产品中心总监刘宏伟先生、上海美术电影厂党政负责人郑虎先生、乐客VR创始人及CEO何文艺先生、幻视VR的联合创始人田子杨先生、森声科技创始人及CEO张瑞博先生、时代拓灵的联合创始人刘恩先生、VRC的联合创始人克里斯·爱德华兹(Chris Edwards),他们都接受了相关的采访并分享了他们卓有价值的看法和观点。

本书得以完稿,离不开虚拟现实与人工智能千人会各位发起成员的帮助和指导,每每在与他们的交谈和讨论中,都能受到非常多的启发。要特别感谢许志方先生、王洋先生、薛峰先生和赵洪涛先生,在他们的帮忙下,才促成了与棕榈股份、新华网、合一集团和湖北广电的采访。感谢湖南卫视的刘屹以及东吴证券的张良卫、宋雨翔先生对本书创作给予的鼎力支持。

本书由中国移动通信联合会会长、著名经济学家、中共中央政策研究室原副主任郑新立先生,国务院参事、中国电子商会会长、国家信息化专家咨询委员会主任、全国政协委员、信息产业部原副部长曲维枝女士，和君集团董事长王明夫先生，杭州联创投资管理有限公司董事长、联创永宣资本管理合伙人徐汉杰先生亲笔作序，并得到隆领投资董事长蔡文胜先生，九合创投董事长王啸先生，鼎晖投资创始人及董事长吴尚志先生，上海市国际股权投资基金协会秘书长黄岩先生，棕榈股份总裁林从孝先生，浙江华策影视集团总裁赵依芳女士，掌趣科技联席CEO胡斌先生，慈文传媒董事长马中骏先生，星美联合总裁赵枳程先生，威创股份董事长何正宇先生，汇冠股份董事长解浩然先生，东方时代网络总裁马昕先生，华数传媒董事长助理兼VR战略总经理卓越先生，Virtual Reality Company创始人克里斯·爱德华兹（Chris Edwards），桐乡市委书记、世界互联网大会发起人卢跃东先生，清华大学经济管理学院党委副书记焦捷，北航软件学院创始院长孙伟老师，中国（南昌）虚拟现实VR产业基地负责人、航软投资集团&大航海资本创始合伙人胥清皓先生，创业黑马公司创始人牛文文先生，深圳市虚拟现实（VR）产业联合会执行会长、智客空间CEO谭贻国先生，水木动画有限公司董事长、东方科幻谷董事长施向东先生，微鲸VR内容事业部负责人宿斌先生，高盛《VR与AR报告》作者魏晨先生，中国电视艺术家协会立体影像委员会秘书长王甫先生等人的联名推荐，感谢大家对本书的认可，这对我们是莫大的鼓励和支持。感谢父母家人及来自麻省理工学院（MIT）、清华大学、北京大学、中国传媒大学、北京电影

学院、北京邮电大学、电子科技大学、中国社会科学院的老师
与校友们的热心支持。特别感谢佛罗里达大学的杰出教授、神
经工程实验室创始人、脑机接口领域顶级专家乔斯·C. 普林西
比（Jose C. Principe）先生对本书所给予的学术指导。

最后要特别感谢丛龙峰先生、陶鹏先生和曹雨欣女士为本书
的编辑出版付出的心血和时间。没有他们的全力以赴，这本书也
很难这么快与大家见面。

希望这本书能够为各位读者提供有效的信息，帮助各位更好
地认识"虚拟现实"和"虚拟现实+"的庞大产业生态，也欢迎
更多有志之士加入我们的行列。未来的道路注定不是坦途，但我
们携手共进，梦想终会照进现实。